日本参与全球气候治理

从《京都议定书》生效至巴黎大会

毕珍珍 著

世界知识出版社

图书在版编目（CIP）数据

日本参与全球气候治理：从《京都议定书》生效至巴黎大
会 / 毕珍珍著.—北京：世界知识出版社，2022.10
ISBN 978-7-5012-6527-5

Ⅰ.①日… Ⅱ.①毕… Ⅲ.①气候变化—治理—国际合
作—研究—日本 Ⅳ.①P467

中国版本图书馆CIP数据核字（2022）第061021号

书　　名	日本参与全球气候治理： 从《京都议定书》生效至巴黎大会 Riben Canyu Quanqiu Qihou Zhili Cong «Jingdu Yidingshu» Shengxiao Zhi Bali Dahui
作　　者	毕珍珍
责任编辑	蒋少荣　张怿丹
责任出版	赵　玥
责任校对	陈可望
出版发行	世界知识出版社
地址邮编	北京市东城区干面胡同51号（100010）
网　　址	www.ishizhi.cn
电　　话	010-65265923（发行）　010-85119023（邮购）
经　　销	新华书店
印　　刷	北京虎彩文化传播有限公司
开本印张	710毫米×1000毫米　1/16　12¾印张
字　　数	205千字
版次印次	2022年10月第一版　2022年10月第一次印刷
标准书号	ISBN 978-7-5012-6527-5
定　　价	78.00元

序　言

毕珍珍老师的著作《日本参与全球气候治理：从〈京都议定书〉生效至巴黎大会》，是在她博士毕业论文基础上整理、修改而完成的，是日本参与全球治理领域当中的一部重要著作。

首先，作者从国际条约体系、全球气候治理的参与主体与组织机构、联合国气候大会三个层面阐述全球气候治理机制的构成，既阐述了国际法层面的条约体系，又梳理了各国和国际组织等行为主体，同时也分析了各国在联合国气候治理进程中的政治、经济博弈。

其次，作者阐述了日本参与气候治理的经纬及其历史演变过程，侧重于围绕从《京都议定书》达成与生效一直到东日本大地震（2005—2011年）时的历史进程进行研究和探讨。一方面，作者把重点放在了日本参与全球气候治理的主体与决策机制方面，研究了日本参与全球气候治理的政府机构、全球气候治理中的非政府行为体、日本参与全球气候治理的决策机制等重要领域，打开了日本参与全球气候治理的黑匣子。另一方面，该著作也突出了和碳减排密切关联的金融及资金问题、清洁发展机制问题、技术转让与知识产权问题等焦点领域。与此同时，该著作也从日本追求政治大国地位这一国家政治和发展战略出发，综合日本参与全球气候治理的诸多政策，做到了点、线、面与国家大战略的相互结合，这尤其具有创新性。"点"就是金融与资金问题、清洁发展机制和知识产权保护等重点问题。"线"就是历史的线索、历史的经纬。"面"就是日本相关的机构和政策运作机制及其相关的主要政策。

最后，作者对日本参与全球气候治理的变化趋势与原因进行了分析。这一部分分析了在东日本大地震以后日本能源政策调整困境下气候政策的新变化、新转向及其内生的动力与根源。

　　这是一部关于日本气候政策问题研究的著作，其起点着眼于全球治理的大视角，落脚着眼于日本政府内部的行政关系运作和利益考量。该著作把日本相关政策的起始与变化和日本的国家战略紧密相连，而不是孤立地考察其气候政策。这种对日本气候政策研究的新视角，既凸显重点和要点，又摆脱了具体问题的束缚，可让读者有一种提纲挈领、统领全局的阅读体验。希望本书的出版能够为中国拓宽对日本参与全球治理路径的理解作出一些贡献。

　　毕珍珍老师在学术研究方面孜孜以求，认真严谨。在为人修养方面，心地善良，律己达人。希望她学术更加精进，生活更加幸福。

周永生

外交学院教授、博士生导师

目　录

导　论 1

第一章　全球气候治理机制的构成 20

　第一节　全球气候治理机制的国际条约体系 20

　第二节　全球气候治理的参与主体与组织机构 29

　第三节　联合国气候大会 38

　本章小结 46

第二章　日本参与全球气候治理的进程 47

　第一节　从气候问题出现到《京都议定书》生效

　　　　　（20世纪80年代至2005年）.............................47

　第二节　《京都议定书》生效至东日本大地震（2005—2011年）........58

　第三节　东日本大地震到巴黎大会（2011—2015年）.........................64

　本章小结 72

第三章　日本参与全球气候治理的主体与决策机制 73

　第一节　日本参与全球气候治理的政府机构 73

　第二节　日本在全球气候治理中的非政府行为体 82

　第三节　日本参与全球气候治理的决策机制 94

　本章小结 101

第四章　日本参与全球气候治理的利益诉求与关切 103

　　第一节　日本对金融及资金问题的关切 103

　　第二节　日本对清洁发展机制的关切 113

　　第三节　日本对技术转让与知识产权的关切 128

　　第四节　日本对政治大国的考虑 142

　　本章小结 144

第五章　日本参与全球气候治理的变化趋势与原因分析 145

　　第一节　日本的减排趋势 145

　　第二节　日本参与气候谈判的变化趋势 152

　　第三节　日本参与气候治理行为转变的影响因素 158

　　本章小结 165

第六章　结　论 167

参考文献 177

导　论

一、日本参与气候治理的行为困境

日本于20世纪90年代初期开始积极展开环境外交，并且取得了较为理想的成果，然而它在参与全球气候治理过程中的一些"消极行动"值得关注。总体来说，日本力求成为环保大国，并希望以全球环境治理重要参与者的身份参与国际事务。然而，在一些具体行动方面，它表现并不积极。

自1990年以来，日本开始积极主办多边环境会议。例如，从1991年开始，日本政府约每年举办一次由亚太地区各国环境部长或环境大臣及政府相关人员、国际机构参加的亚太环境会议（Enviroment Congress for Asia and the Pacific，ECO ASIA）。[①] 1992年联合国环境与发展大会召开，这一时期日本主要报纸的头版几乎每天都出现相关报道。许多日本民众都通过媒体了解到会议的内容以及大会签署的两项公约：《联合国气候变化框架公约》和《生物多样性公约》。[②] 此次大会中，日本承诺大幅增加用于环境的官方发展援助（Official Development Assistance，ODA），在未来五年要增加约900亿至1000亿日元的资金。五年后这个雄心勃勃的目标再次被超越——环境领域的官方发展援助增加了40%以上，达到1440亿日元。[③] 此外，日本通过采用主办城市名称的协议来释放日本环境外交的象征性信号。例如，1997年在京都主办《联合国气候变化框架公约》（United

---

① 吕耀东：《试析日本的环境外交理念及取向——以亚太环境会议机制为中心》，《日本学刊》2008年第2期。

② Yasuko Kameyama, "Can Japan Be an Environmental Leader? Japanese Environmental Diplomacy since the Earth Summit," *Politics and The Sciences*, Vol.21, No.2, 2002, p.66.

③ Ministry of Foreign Affairs, ODA Hakusho (ODA White Paper) (Tokyo: Governmental Publication, 1998).

Nations Framework Convention on Climate Change，UNFCCC，简称《公约》）第三次缔约方大会，并通过了《京都议定书》（简称《议定书》）；2010年在名古屋主办《生物多样性公约》第十次缔约方大会，此次大会通过了以日本城市名命名的《名古屋议定书》；2013年在日本熊本承办由联合国环境规划署主办的汞条约外交会议，并积极促进《关于汞的水俣公约》生效。

虽然日本对自身对全球环境的贡献充满信心，但日本并未被广泛视为"绿色"国家。恰恰相反，欧洲环境非政府组织（European environmental non-governmental organizations）将日本列为全球环境贡献第三差的国家。[①]日本作为曾经的第二大经济体，在环境方面受到国际社会的批评，自20世纪80年代一度被指控成为世界"生态不法分子"之一，特别是在大气污染、热带木材、捕鲸和象牙贸易方面。[②]欧洲作为发达环保国家，视日本为环境破坏者并要求其承担更多的环境责任；发展中国家认为日本曾是环境破坏者的同时，又是环保技术发展较快的先进国家，因此要求日本承担环境责任的同时提供更多的环境援助（环境ODA）。国际社会要求日本停止环境破坏，承担相应责任。有研究认为日本在某些场合尝试扮演领导角色，而在其他场合却成为旁观者甚至是拖拉者。[③]

与日本在全球环境事务中所面临的困境或者说矛盾相同，日本在参与全球气候治理方面的表现同样具有难以解释的矛盾特征，其态度可谓是一波三折。一方面，在气候谈判之初日本表现出极大的积极性，但在批准《京都议定书》时出现过犹豫；2005年《京都议定书》生效，日本如约完成了《京都议定书》第一承诺期的减排目标，但拒绝了《京都议定书》第二承诺期，而在经历徘徊之后它终于批准《巴黎协定》。另一方面，日本是全球气候治理的重要参与者，它在七国集团（G7）峰会等机制中积极应

[①] Yasuko Kameyama, "Can Japan Be an Environmental Leader? Japanese Environmental Diplomacy since the Earth Summit," *Politics and the Life Sciences*, Vol.21, No.2, 2002, pp.66-71.

[②] Hidefumi Imura, "Evaluating Japan's Environmental Policy Performance," in *Environmental Policy in Japan*, eds. Hidefumi Imura and Miranda Schreurs (Cheltenham UK: The World Bank and Edward Elgar, 2005), pp.342-359.

[③] Katsuhiko Mori, "A Historical Constructivist Perspective of Japan's Environmental Diplomacy," Last Modified June 25, 2018, http://web.isanet.org/Web/Conferences/AP%20Hong%20Kong%202016/Archive/a8e68aad-9abf-4add-8273-a77714949d15.pdf.

对气候变化问题，积极展开环境官方发展援助，并积极参与各种气候变化机制，且在亚太地区颇具影响力，但日本的态度却很难改变或者推动气候变化缔约方大会的决定。换言之，日本是全球气候治理的重要参与者，却不是主导者。

从国内层面而言，在经历东日本大地震及福岛核事故，重回火力发电且经济受阻的情况下，日本的减排成本不断上升，减排空间不断缩小。而在国际社会中，同为伞形集团国家的美国不仅未批准《京都议定书》，还在2017年6月宣布退出《巴黎协定》。作为一贯"先行者"的欧盟，在2009年哥本哈根气候大会之后，减排信心也在一定程度上受挫，其影响力和领导力都不如从前。此外，中国等新兴经济体国家不断发展，同时要求包括日本在内的附件一缔约方承担相应历史减排责任的呼声一直存在。

这一系列跌宕起伏的过程构成了本书的研究问题：从2005年《京都议定书》生效至2015年召开巴黎大会，日本参与全球气候治理面临诸多困难与挑战，在拒绝了《京都议定书》第二承诺期后，日本却辗转批准了《巴黎协定》，这其中有怎样的行为动机？具体而言，日本参与全球气候治理是由哪些行为体决定的，如何决定的？日本在国际谈判中的利益诉求是什么？日本国内的减排行动与其国际交涉行为有着怎样的关系，其参与过程和结果有着怎样的变化？

关于气候变化的研究，一般分为三个维度：环境、经济和外交政策。从环境角度来看，在科学家的不断研究下，全球正式确立了应对气候变化的多边合作基础。政府间气候变化专门委员会（Intergovernmental Panel on Climate Change，IPCC）迄今已发布了五份评估报告。这些报告的调查结果显示，大气中温室气体浓度持续上升，全球气温上升，由此引发的极端天气事件频率更高（IPCC 2015）。[①]

从经济（能源经济）角度来看，在科学家确定的各种类型的温室气体中，二氧化碳（CO_2）是需要解决的主要问题。将CO_2还原到经济层面来看，减排是气候变化问题的核心，是涉及能源消耗成本的重要因素之一。

---

① 与此同时，还有一些气候变化"否认者"指出，虽然气候变化可能正在发生，但并不是因为人为温室气体排放。气候变化科学的支持者和否认者之间的争论通常包括对问题的政治和经济方面的讨论。

有研究称能源使用的减少会阻碍经济增长，但在能源价格相对较高且新技术发达的国家，往往会出现能源使用量和经济增长脱钩的现象。[①] 气候变化减缓本身的经济成本是一个复杂的概念。因为在短时间内开发一种新的低碳技术，会需要一些研发资金，这在短期内被视为经济成本或负担。[②] 另外，可再生能源和低碳技术等新兴产业可以通过雄心勃勃的减排政策获益，实现"绿色增长"或"绿色经济"发展。[③] 因此，气候变化已经超越环境问题，落脚于发展问题。[④]

从国际政治的角度来看，气候变化谈判过程中发达国家和发展中国家之间一直存在争议。发展中国家认为发达国家需承担主要历史责任，因为过去CO_2排放主要来自这些国家。而当今许多新兴经济体及发展中国家希望通过工业化来取得发展，并且批评发达国家忽视历史责任，要求发达国家承担减排责任。这些矛盾的根本原因是国际政治中权力的博弈。从发展中国家的角度来看，应对气候变化是发展权、公正权和公平权问题。从发达国家的角度来看，气候变化和其他环境问题可被视为发挥领导作用和掌握国际事务话语权的工具。[⑤]

本书主要从国际政治的角度来分析日本参与全球气候治理的行为过程，然而不能忽视的是经济收益同样是国际政治博弈的重要因素。

二、文献综述

（一）日本参与气候治理的研究现状

许多学者对全球气候治理相关研究作出了宝贵贡献，给本书的创作提

---

① Yasuko Kameyama, *Climate Change Policy in Japan, from the 1980s to 2015* (New York: Routledge, 2016), p.4.

② Michael Grubb, Jean-Charles Hourcade, Karsten Neuhoff, *Planetary Economics* (New York: Routledge, 2014).

③ Nicholas Stern, *Ethics, Equity and the Economics of Climate Change-Paper 2: Economics and Politics,* Center for Climate Change Economics and Policy Working Paper, No.97b, London: London School of Economics and Political Science, 2013.

④ 朱松丽、高翔：《从哥本哈根到巴黎——国际气候制度的变迁和发展》，清华大学出版社，2017，第3—4页。

⑤ Arild Underdal, "Leadership in International Environmental Negotiations: Designing Feasible Solutions," in *The Politics of International Environmental Management*, eds. A. Underdal et al. (Dordrecht: Kluwer Academic Publishers, 1997), pp.101-127.

供了宝贵的经验与指导，尽管如此，既有文献无论是从研究内容、研究视角还是研究方法看，都很难解释本书提出的问题。全球气候治理机制和气候谈判本身的趋势逐渐朝着更加复杂的方向发展，不确定性与日俱增，是既有文献对日本参与气候治理研究不足的主要原因。

关于日本参与全球气候治理的研究相对较少，特别是从《京都议定书》生效到巴黎大会这一重要时期日本参与全球气候治理的情况鲜有学者问津。然而这一时段恰恰是日本参与全球气候治理的关键时期，这一时期日本拒绝了《议定书》第二承诺期，经历了全球经济危机，遭受了东日本大地震，重回火力发电，却在徘徊中选择批准《巴黎协定》。

以往的学者对日本的环境官方发展援助、参与亚洲环境治理、参与全球环境治理、绿色产业有许多研究，但这些研究往往是从政治目的、经济目的等目的主导论进行分析，[①] 对日本的具体关切并没有太深入的研究，并且很少提出一个具体的问题进行系统考察。

1. 目的主导论

目的主导论认为日本参与气候治理的目的大致分为政治目的、经济目的。日本参与全球气候治理的行为是以这两点为目标的。

（1）政治目的论

政治目的论所持主要观点是：日本参与国际环境事务主要是为了实现政治目的，认为日本参与国际环境事务（气候治理）的主要目的是获得相应的大国地位，或者展现其在亚洲地区乃至全球的环境事务中的（气候治理）"领导力"。研究者分别把日本视为国际政治的"落后者"和"先进者"进行研究。

把日本视为国际政治"落后者"的政治目的论是把日本参与气候及环境治理的行为目的与其国际地位联系起来，认为日本在第二次世界大战后是依附于美国的"非正常"国家。因此，日本在气候谈判中的态度与美国

---

① 吕耀东：《试析日本的环境外交理念及取向——以亚太环境会议机制为中心》，《日本学刊》2008年第2期；林晓光：《日本政府的环境外交》，《日本学刊》1994年第1期；屈彩云：《日本环境外交战略初探》，《现代国际关系》2011年第1期；Maaike Okano-Heijmans, "Japan's 'Green' Economic Diplomacy: Environmental and Energy Technology and Foreign Relations," *The Pacific Review*, Vol. 25, No.3, 2012, pp.339-364。

有着千丝万缕的关联。[①] 西方发达国家要求日本在环境方面承担更多的国际责任，发展中国家希望得到日本更多的环境援助，而欧洲环境非政府组织则认为：日本在环境合作中是"落后者"，并且是个不负责任和过于随意的国家。[②]

然而在苏联解体后，这种观念发生了重大变化，有人认为日本开始成为一个独立或正常的国家，一个积极促进世界事务的国家。有学者将日本在《京都议定书》相关谈判中的行为解释为重建日本国际地位和重塑独立国家身份的做法。他们认为，日本积极参与气候外交并批准《京都议定书》符合这种身份的重建，[③] 日本积极参与全球气候治理的目的是获得一个良好的国际形象，一个与其经济目的相符合的"大国"地位。

而将日本视为政治"先进者"的研究并未否认日本战后依附于美国的国际政治地位，但其把日本视为世界经济大国和亚洲领导者。该论点认为日本积极参与国际环境事务领域的出发点有：承担与其经济地位相符的外交责任；国际社会对日本公私部门在生态影响方面经济活动的反应比较积极；转让环境相关技术获得商机；受日本国内的污染管理经验和保护全球环境的领导机会的驱使。这些因素促使日本力求获得全球气候治理的领导者地位，并由此获得良好的国际形象。[④] 由于受到1947年宪法的限制，日本在国际安全问题上的作用有限。早在20世纪80年代后期，日本潜在的环境领导作用显现出来，或者也可以说呈现出领导标志。日本对环境外交的期待在90年代初持续上升，政府越来越把重点放在国际环境问题上。对日本而言，环境领导机会的关键吸引力之一是其没有与日本在其他国际政治或外交领域的努力相关的政治复杂性。[⑤]

将日本视为"先进者"的另一部分文献研究对象是日本的环境官方发

① 鄭方婷、『京都議定書後の環境外交』、三重大学出版会、2013、第一至三章。

② Yasuko Kameyama, "Can Japan Be an Environmental Leader? Japanese Environmental Diplomacy since the Earth Summit," *Politics and the Life Sciences*, Vol.21, No.2, 2002, pp.66-71.

③ Michal Kolmaš, "Japan and the Kyoto Protocol: Reconstructing 'Proactive' Identity through Environmental Multilateralism," *The Pacific Review*, Vol.30, No.4, pp.462-477, January 2017.

④ Jeff Graham, "Japan's Regional Environmental Leadership," *Asian Studies Review*, Vol.28, No.3, 2004, pp.283-302.

⑤ Hiroshi Ohta, "Japanese Environmental Foreign Policy," in *Japanese foreign Policy today: A Reader*, eds. Takashi Inoguchi and Purnendra Jain, (New York:Palgrave, 2000), pp.96-121.

展援助，因为通常官方发展援助是发达国家对发展中国家进行的以获得政治利益为主的经济援助行为。研究认为，日本的环境官方发展援助和环境外交具有鲜明的现实主义特点，是日本实现国家利益目标的重要途径与平台。日本提供官方发展援助是为了凭借资金、技术优势从多角度推进环境外交，并且日本已经形成了以亚太为中心，重视非洲兼顾拉美的环境外交战略格局。[①]

（2）经济（能源安全）目的论

能源价格随着时间的推移在各国之间有很大差异，不同国家在能源上也存在令人吃惊的巨额收入差距。尽管20多年来全球关于温室气体排放的警告不断增加，大多数政府似乎无力改变方向。格拉布（Grubb）认为解决21世纪的能源和环境问题需要认识和联系三个不同的决策领域。每个领域都涉及不同的理论基础，需要借鉴不同的证据，并提出不同的政策。他在著作中认为：能源系统的转型涉及所有三个领域，即参与标准、市场和定价（估值）、战略投资，每个领域都同样重要。这些行动依赖于根本不同的原则，任何只考虑单一支柱的做法都会失败。只有了解所有三个领域并将它们组合在一起，才有希望改变方向。如果我们这样做，经济与环境之间经常假设的冲突就会消失，两者会相互受益。[②]

首先，由于日本长期以来一直都缺乏能源供应且饱受自然灾害，日本政府和商界一直以来将环保置于其产业政治的核心位置。20世纪80年代末主要依靠有针对性的国内创新政策实现的"绿色"经济外交努力正在进入新的领域。有学者通过考察日本铁路、核电、水和新一代汽车行业近期发展情况，分析了日本政府如何以绿色环保与能源技术发展与新兴国家和发达国家的关系。在绿色经济外交的过程中，公私伙伴关系得到加强，准政府机构和个别政治家担当新角色。日本的政策坚持全面的安全传统，旨在为经济繁荣和政治稳定方面的国家利益作出贡献。其主要目标是寻求海

[①] 屈彩云：《日本环境外交战略初探》，《现代国际关系》2011年第1期；屈彩云：《宏观与微观视角下的日本环境ODA研究及对中国的启示》，《东北亚论坛》2013年第3期；屈彩云：《经济政治化：日本环境援助的战略性推进、诉求及效应》，《日本学刊》2013年第6期；宫笠俐：《战后日本对华环境援助简析》，《东北亚学刊》2014年第3期。

[②] Michael Grubb, Jean-Charles Hourcade, Karsten Neuhoff, *Planetary Economics* (New York: Routledge, 2014).

外新市场，确保资源安全，确保与其他国家的合作关系，调整全球权力平衡。国内政治和气候变化挑战的变化也在日本参与全球气候治理中起了重要作用，而"硬"安全问题几乎被忽略。[①] 与气候治理相关的绿色经济外交为日本提供了广阔的、有前景的海外市场。

其次，工业界和商界是各国在环境问题决策中最具影响力的群体之一。它们既是影响多边层面决策的跨国行为者，[②] 也是有影响力的国内行为者。[③] 由于战后产业部门在日本政治中的特殊地位，经济外交被视为使经济、商业利益和政治利益相辅相成的外交战略手段，[④] 日本政府通过"产业政策"，即政府积极和有意识地影响特定的企业、行业或部门。[⑤] 日本的国内产业政策在很大程度上与外交政策的政治和商业目标以及组织协调一致。日本参与全球气候治理是以经济收益服务于外交目的，这种目的的连贯性平衡了经济利益与国内政治。

最后，气候减排的实质是实现能源安全及其有效利用。日本对能源安全与气候变化相关的认识在福岛核事故后得到更加深入的探讨。日本在经历福岛核事故后再次面临能源困境，与此同时气候减排压力也不断增加。在慎重考虑后决定核发电、重回火力发电、鼓励可再生能源发电〔包括可再生能源固定价格收购制度（FIT）制度〕等多措施并行的情况下，日本的减排困境依然未能有效突破。因此，日本迫切需要开发新能源技术来突破能源困境，落实气候减排承诺。[⑥]

日本经济产业省（METI）的数据显示，2011年12月，日本火力发电

[①] Maaike Okano-Heijmans, "Japan's 'Green' Economic Diplomacy: Environmental and Energy Technology and Foreign Relations," *Pacific Review*, Vol. 25, No.3, 2012, pp.339-364.

[②] Stephan Schmidheiny with Business Council for Sustainable Development, *Changing Course: A Global Business Perspective on Development and the Environment* (Cambridge MA: The MIT Press, 1992).

[③] Michael E. Kraft and Sheldon Kamieniecki, "Analyzing the Role of Business in Environmental Policy," in *Business and Environmental Policy: Corporate Interests in the American Political System*, eds. Michael E. Kraft and Sheldon Kamieniecki (Cambridge MA: MIT Press, 2007), pp.3-32.

[④] G. R. Berridge, *Diplomacy: Theory and Practice* (Basingstoke: Palgrave Macmillan, 2005).

[⑤] George C. Eads and Kozo Yamamura, "The Future of Industrial Policy," in *The Political Economy of Japan -Volume 1: The Domestic Transformation*, eds. Kozo Yamamura and Yasukichi Yasuba (Stanford CA: Stanford University Press, 1987).

[⑥] 毕珍珍:《日本的"氢能源基本战略"与全球气候治理》,《国际论坛》2019年第2期。

约占86%，其中16%为燃油，23%为煤，46%为液化天然气。核反应堆仅提供总发电量的7.4%。与之相比4月核能发电量占28.2%，火力发电（5%石油，20%煤炭，38%液化天然气）占63%。日本2010年的燃料进口总额为17.4万亿日元，2011年增加了25%，达到21.8万亿日元。其中一些增加是由于实际增加量，有些则是由于能源价格大幅上涨。但无论如何，2011年日本能源进口从占GDP的3.6%上升到4.6%。在可预见的未来，增加的成本似乎可能会持续下去。[①]

福岛核事故之后，日本的能源问题再次引起学者的关注与反思。目前的研究主要集中于以下视角：一是对战后日本能源形势及能源外交进行再梳理并得出启示；[②] 二是分析日本能源政策及外交的决策机制、动因与特征；[③] 三是由核电事故的反思落脚于对发展新能源及可再生能源技术的探讨。[④] 核电曾经为日本的绿色经济发展和气候减排国际承诺作出了不可替代的贡献，因此对于日本气候减排的最新探讨几乎都离不开福岛核事故。[⑤] 放弃核发电或继续使用核发电，成为学者们关注的焦点。[⑥]

深井称导致关于全球变暖的辩论正在IPCC的丑闻（如数据操纵问题）中有所动摇。他从"最新知识"中解释气候变化的根本原因，并介绍保护化石燃料的重要性，得出必须有替代能源技术的新能源技术，如生物质、核聚变等的结论。日本地震灾后恢复迫在眉睫，因为能源需要巨额国家开

[①] Andrew Dewit, "Japan's Remarkable Renewable Energy Drive–After Fukushima," *Asia-Pacific Journal: Japan Focus*, 2012, p.1.

[②] 相关文献如徐梅:《日本的海外能源开发与投资及启示》,《日本学刊》2015年第3期;冯昭奎:《20世纪前半期日本的能源安全与科技发展》,《日本学刊》2013年第5期;冯昭奎:《能源安全与科技发展——以日本为案例》,中国社会科学出版社,2015,第175—300页。

[③] 相关文献如尹晓亮:《日本能源外交与能源安全评析》,《外交评论》2012年第6期;郑文文、曲德林:《后核时代日本能源政策走向的三方动态博弈分析》,《日本学刊》2013年第4期。

[④] 相关文献如张季风:《震后日本能源战略调整及其对我国能源安全的影响》,《东北亚论坛》2012年第6期; Andrew Dewit, "Japan's Remarkable Renewable Energy Drive–After Fukushima," *Asia-Pacific Journal, Japan Focus*, 2012, p.1。

[⑤] Takeshi Kuramochi, "Review of Energy and Climate Policy Developments in Japan before and after Fukushima," in *Renewable & Sustainable Energy Reviews*, 2015, pp.1320-1332.

[⑥] Masahiko Iguchi, Alexandru Luta and Steinar Andresen, "Japan's Climate Policy: Post-Fukushima and Beyond," in *The Domestic Politics of Global Climate Change: Key Actors in International Climate Cooperation*, eds. Guri Bang and Arild Underdal (Cheltenham: Edward Elgar Publishing, 2015), pp.119-140.

支且二氧化碳减排措施并不理想，因此保护能源十分重要。[①]

2. 公共产品论

区域公共产品理论是经济学中公共产品理论和国际关系学的结合，属于国际政治经济学的前沿范畴。[②]

关于日本参与全球气候及环境治理的公共产品论，是建立在将日本视为"先进者"这一基础上的。因为在全球气候治理中，作为领导者可以向其他国家提供服务，从而降低其成本和风险。[③]罗兰·麦多克（Rowland T. Maddock）认为，日本在全球和区域层面具有充当环境领导者的意愿，这是因为日本具有极强的环境保护意识且在环境保护技术上相当成熟，并保持着创新。[④]黄昌朝认为，日本在东亚区域环境公共产品供给的制度建设、经济保障和技术支持方面起着领导性作用。然而，区域认知共同体的缺失制约着日本成为真正的区域环境治理的领导者。[⑤]此外，黄昌朝还以东亚三种区域环境公共产品，即"东亚酸沉降监测网络""西北太平洋行动计划"和"东盟环境治理机制"为案例分析，详细论述了日本在酸雨治理、海洋污染治理和森林退化治理这三种不同类型区域环境公共产品中的供给作用。黄昌朝认为，日本从自身的政治、经济和环境利益出发，对不同类型的区域环境公共产品，其供给的方法、主体和目的也完全不同。然而，日本在东亚环境公共产品供给中并没有起到真正的主导作用，这是由于东亚邻国都是发展中国家，其经济发展程度决定了日本供给的意愿和能力。[⑥]

3. 双层博弈论

太田宏（Hiroshi Ohta）从罗伯特·普特南的"双层博弈论"视角考察了日本在气候变化问题上的外交行动。他认为日本关于气候变化的国内政治可以用五个因素来解释：政治领导、官僚政治、环境非政府组织、商业

---

① 深井有、『気候変動とエネルギー問題 - CO₂温暖化論争を超えて』、中公新書、2011。

② 黄昌朝：《日本东亚环境外交研究》，博士学位论文，复旦大学，2013。

③ Gregor Schwerhoff, "The Economics of Leadership in Climate Change Mitigation," *Climate Policy*, Vol.16, No.4, 2015, pp.1-19.

④ 董亮：《日本对东盟的环境外交》，《东南亚研究》2017年第2期。

⑤ 黄昌朝：《日本在东亚区域环境公共产品供给中的作用分析》，《日本学刊》2013年第6期。

⑥ 黄昌朝：《日本东亚环境外交研究》，博士学位论文，复旦大学，2013。

部门和民意调查。他在解释日本对通过后京都谈判进程批准《联合国气候变化框架公约》的回应时，得出的结论是，日本主要扮演"中间"或"支持"者（国家）的角色，这一角色是由日本强有力的政治领导力决定的。同时这一过程要求领导人有很高的政治热情，以及环保非政府组织的积极参与。[①] 在这之后太田继续分析了日本后京都时期的气候变化政策，并且得出结论。他认为，缺乏强有力和稳定的政治领导能够使相对有组织的经济利益主体和经济产业省巩固其政策联盟。换而言之就是日本产业界在国内的博弈中胜过了政治界，在国内博弈的过程中发挥了重要作用。[②]

久保（Kubo）考察了在20世纪90年代后半期到21世纪初环境厅（后来的环境省）和通商产业省（后来的经济产业省）之间的部际争议。她认为日本的政治和行政体制发生了变化，主要有以下原因：政府机构发生变化并促进了政治利益集团的重组；环境非政府组织的活动范围和影响力更加强大；通过中央政府机构改革加强了内阁职能；由于中央政府机构改革，部际的协调与冲突发生了变化。[③]

（二）日本参与气候治理的研究方法

就研究方法而言，既有研究多用对比研究法与历史研究法。

1. 对比研究法

一些作者通过对比日本与其他国家的气候（环境）治理机制，来总结和归纳影响日本参与气候治理的因素。米兰达（Miranda）通过对比日本、德国和美国这三个区域强国，研究世界上最强大的经济实体应对环境问题的政策（主要通过三国在酸雨治理、保护臭氧层和气候谈判上的表现），认为由于三国采取不同的环境政策，所以国际环境合作难以实现，并且得

① Hiroshi Ohta, "Japanese Foreign Policy on Climate Change: Diplomacy and Domestic Politics," in *Climate Change and Foreign Policy*, eds. Paul G. Harris (Abingdon: Routledge, 2009), pp.36-52.

② Hiroshi Ohta, "Japanese Climate Change Policy: Moving Beyond the Kyoto Protocol," in *Coping with Global Environmental Change, Disasters and Security: Threats, Challenges, Vulnerabilities and Risks* 4, eds. Hans Günter Brauch, Úrsula Oswald Spring (Berlin: Springer, 2011), pp.1381–1391.

③ Haruka Kubo, "The Possibilities for Climate Change Policy Integration as Seen from Japan's Political and Adminisrative System," in *Governing Low-Carbon Development and the Economy*, eds. Hidenori Niizawa, and Toru Morotomi (Tokyo: United Nations University Press, 2015), pp.185–206.

出国内政策的制定对国际环境谈判起到重要作用的结论。[①]

押谷根据政府和商业团体之间相互作用的理论，对1988—1997年的英国和日本进行了彻底的比较。日本和英国分别被作为共识社团主义（Consensus Corporatism）和多数多元主义（Majoritarian Pluralism）的例子进行比较，得出的结论是这两个国家的决策对气候变化政策的发展产生了很大的影响。[②]

井口（Iguchi）等学者通过对比政府官僚机构间的措施，认为经团联（日本商业联合会）这一日本最大的单一经济和商业联合会，是日本工业企业的主要代表，特别是能源密集型产业的代表。通过与自民党和经济产业省的密切联系，经团联在环境问题方面扮演了影子决策者的角色。[③]另一个有影响力的商业集团是经济同友会，与经团联相比，经济同友会中的成员更多来自能源密集度较低的企业。因此，其政策立场有时与经团联的政策立场不同。

渡边（Rie Watanabe）在德国和日本之间就与气候变化相关的决策过程进行了比较研究。渡边认为，与德国的情况相比，日本的经济繁荣联盟，即工业集团和通产省在《联合国气候变化框架公约》谈判的早期阶段对确定日本的气候变化政策更具影响力。作者将对1987—2005年德国和日本气候政策变化的比较作为基础，讨论了现有政策变革和政策过程理论的有效性和局限性，最著名的是运用倡导联盟框架（Advocacy Coalition Framework，ACF）、间断均衡方法（Punctuated Equilibrium Approach）和多流方法（Multiple Stream Approach）来探讨如何进行长期的、范式化的政策变革的理论问题。[④]

[①] Miranda A. Schreurs, *Environmental Politics in Japan, Germany and the United States* (Cambridge: Cambridge University Press, 2002), pp.2-300.

[②] Oshitani Shizuka, *Global Warming Policy in Japan and Britain* (Macmillan: Manchester University Press, 2006), pp.1-336.

[③] Masahiko Iguchi, Alexandru Luta and Steinar Andresen, "Japan's Climate Policy: Post-Fukushima and Beyond," in *The Domestic Politics of Global Climate Change: Key Actors in International Climate Cooperation*, eds. Guri Bang and Arild Underdal (Cheltenham: Edward Elgar Publishing, 2015), pp.119-140.

[④] Rie Watanabe, *Climate Policy Changes in Germany and Japan: A Path to Paradigmatic Policy Change* (Abingdon: Routledge, 2011), pp.1-248.

2. 历史研究法

在日本参与全球气候治理的过程中，不同的行为体发挥着不同的作用，对日本的参与方式与参与态度都有着深刻的影响。在国际谈判格局产生变化的同时，各国社会、经济和政治基础也在很多方面发生了变化。因此需要从全面的角度评价和分析国家参与气候治理的行为。在这种描述历史的过程中，各位学者所偏向的重点也不相同。

（1）领导人作用研究

龟山（Yasuko Kameyama）是日本环境省下属研究机构的高级研究员，在她的著作中我们可以或多或者少地了解到日本政府对气候变化的"内部态度"。她系统地梳理了20世纪80年代至巴黎大会日本在全球气候治理领域的活动过程。[①] 她分析了35年间日本的气候变化政策制定，并与日本各时代的主要国内外政策议程相结合，做了全面的政策评估。她尤其将重点放在高级政治家身上，如首相和部长，研究这些政治家如何应对气候变化问题，他们如何看待气候变化以及需要他们关注的许多其他政治、经济和社会问题。政治领导人面临许多与安全、国内政治、经济和社会问题有关的问题。对于这些领导者来说，气候变化只是需要解决的许多问题之一。

（2）官僚作用研究

宫笠俐通过追踪认为，日本在国际气候谈判过程中经历了消极—徘徊—积极的过程。外务省、环境省（环境厅）和经济产业省（通商产业省）之间的政策交涉在很大程度上决定了日本在国际气候谈判中的基本态度；日本国内的政治家、产业界、非政府组织等的态度以及来自外界的压力也在一定程度上影响了日本在国际气候谈判中的政策。除了受其环境外交的政治目标驱使之外，日本的非政府组织、国内民众力量的推动以及来自欧盟的压力，都是促使日本最终选择批准《京都议定书》的原因。另外，日本产业界的让步也是保证日本最终批准《京都议定书》的主要原因。[②]

---

① Yasuko Kameyama, *Climate Change Policy in Japan, from the 1980s to 2015* (New York: Routledge, 2016), pp. 2-179.

② 宫笠俐：《冷战后日本环境外交决策机制之研究——以〈京都议定书〉的批准为中心》，博士学位论文，复旦大学，2010。

（3）政策作用研究

加纳雄大是日本环境省气候变化课的前课长，他通过自己的工作经历，分析了日本利用外交、资金实力、技术实力等各种手段展开"气候变化谈判"的过程，称这个过程就是在"讨价还价"。作者以自身的切实感受介绍了气候变化谈判的过程与日本气候外交战略的实际情况。此外作者还回顾了国际社会的结构变化和未来国际框架的总体情况。[①] 与龟山研究的重点不同，加纳的研究更倾向于分析日本应对气候变化的政策并为读者提供了一些政策案例的内容。此外，尽管加纳将日本参与气候治理的过程分为东日本大地震之前和之后，但他的著作似乎有些工作日记的形式，更加突出自己作为气候外交一线人员的真实感受。

（4）对后巴黎时代的思考

与对后京都时代的探讨相同，一些学者高瞻远瞩，在巴黎大会召开后的短短一年时间内就开始对《巴黎协定》以及后巴黎时代进行探讨。有马通过对巴黎大会中争执的难点（如协定的约束力、是否制定长期目标、共区原则是否保留、资金投入、灵活机制等问题）和各国的利益分歧进行分析，认为对日本而言，对市场机制、能源利用、灵活抵消机制等的把握十分重要。[②] 与政客美好的呼吁相比，有马并没有对《巴黎协定》的意义进行"歌功颂德"，而是更加直接地指出各谈判大国应对后巴黎时代的问题及其重要影响因素。有马对于日本的技术和知识产权持自信的态度。

（三）既有文献的贡献与不足

1. 既有文献的贡献

既有文献有如下主要贡献。

第一，既有文献对日本参与全球气候治理的利益作出了充分的研究和归纳，学者们普遍认为日本参与气候治理的利益在于以下方面：一是追求在全球公共事务中的大国地位；二是谋求在亚洲地区的领导力；三是谋求经济利益，即通过技术援助等方式来"出售"日本技术，或者以经济外交结合环境外交的方式，在实现外交战略目标的同时，追求经济利益。

---

① 加纳雄大、『環境外交：気候変動交渉とグローバル・ガバナンス』、信山社、2013。
② 有馬純、『精神論抜きの地球温暖化対策——パリ協定とその後』、エネルギーフォーラム、2016。

第二，既有文献对日本参与全球气候治理中的身份进行了探讨。应将日本的身份界定为"领导者""中间者"，还是"重要参与者"，学界有不同看法。但是日本在多数情况下没有被看作气候治理或者是国际环境事务中的"领导者"。这与日本参与气候治理之初的政治目的并不相符合。

第三，将日本参与气候变化国际交涉的主要因素和主体进行了全面的划分，并且在此基础上总结了日本参与全球气候治理的决策机制。影响日本参与气候治理的因素有：政治领导人因素、官僚机构因素、产业及商业界的因素、非政府组织/非营利组织的影响因素、国际谈判格局的变化因素、日本国内的政策等变化因素（例如，福岛核事故）。

第四，肯定了日本在气候变化问题上的政策和措施的作用。政府出台的法律和政策影响着日本减排的成果，然而在福岛核事故之后，政策的选择涉及能源安全与减排承诺，政策的制定变得复杂。

第五，很多气候变化谈判的一线研究者为学科研究提供了宝贵的研究材料。许多优秀的研究者有着丰富的气候谈判"战斗"经验，或者本身就参与了政策制定。他们在繁重的工作之余撰写学术论文，为研究提供了第一手材料。

2. 既有文献的不足

首先，按照日本参与全球气候治理的进程来说，几乎没有学者关注《京都议定书》生效至巴黎大会这一时期。这一时期国际社会开始了《京都议定书》生效后的谈判，日本完成了第一承诺期的减排承诺（2008—2012年），却放弃了第二承诺期。经历了全球经济危机、福岛核事故后，日本最终选择批准《巴黎协定》。而且这一时期内日本首相更迭频繁，政局并不稳定。这一时期，日本参与全球气候治理表现出"矛盾性"。

其次，既有文献对日本参与全球气候治理表现出"矛盾性"的核心原因几乎没有确定的答案，对这种矛盾表象后的利益诉求，考察得并不充分。日本参与全球气候治理，是政治利益还是经济利益最优先？还是某一时期有不同的利益追求？学者们给出的答案并不是很具体。

再次，既有研究大多将气候治理与环境治理结合而未着重突出气候治理的特点。其实全球气候治理与其他的国际环境事务不同，它参与的国家最多，规范最明确，且各国围绕这一议题召开了许多次国际会议。气候减排不仅仅是环境问题，更是国际政治问题和经济能源问题。

最后，既有文献的研究方法多是通过对联合国的法律文件研究的方式进行，主要通过阅通读文献实现，极少有学者解读国际气候谈判的一手材料。有学者通过面谈采访的研究方法来考察日本批准《京都议定书》时的经过。这种方法虽然能帮助学界了解到很多气候谈判参与经过和内部观点，但是只是通过访谈来得出结论未免会受被采访者的影响，相对不够客观和全面。

三、结构安排与研究意义

（一）结构安排

2005年《京都议定书》开始生效，《联合国气候变化框架公约》缔约方大会（又称"联合国气候变化大会"，Conference of the Parties，COP）开始了《京都议定书》第1次缔约方会议（Conference of the Parties Serving as the Meeting of the Parties to the Kyoto Protocol，CMP）与《公约》第十一次缔约方大会共同谈判的模式，到2015年《巴黎协定》的达成，一共经历了11年。这11年里，日本经历了《京都议定书》第一承诺期，全球金融及经济危机，拒绝了《京都议定书》第二承诺期，遭受了东日本大地震及福岛核事故对减排的打击，最终选择批准《巴黎协定》，并作出减排26%的承诺，其过程可谓曲折复杂。且这一时期日本国内首相更迭频繁，政治的稳定性与连续性相对来说并不乐观。本书试追踪2005年《京都议定书》生效至2015年巴黎大会召开这纷繁复杂的11年里日本参与谈判的过程。当然本书也会适当回顾历史，以便读者更连贯地对比日本在参与全球气候治理中的变化。

此外，本书主要以《联合国气候变化框架公约》缔约方大会这一核心机制的谈判记录，以及《公约》秘书处对日本的深度审查报告（FCCC/IDR）为双向参考，追踪日本参与全球气候治理的过程，来解答本书提出的问题。虽然《公约》体系不能代表国际气候制度的全部，却一直是国际合作不可替代的主渠道，缔约方大会不能完全代表《公约》体系的磋商过程，却最能体现磋商的复杂性和完整性。每年年底举办的公约缔约方大会是集中体现气候谈判复杂性的场合，其会期之长，关注度之高，很难有其他全球性事件可与之媲美。①

　　除了导论以外，本书一共有六个章节。第一章主要介绍全球气候治理的主体与进程。首先介绍《联合国气候变化框架公约》《京都议定书》和《巴黎协定》这三个全球气候治理机制中最重要的、具有里程碑意义的多边协议。其次，介绍全球气候治理的主要参与主体（国家、谈判集团）与组织机构。最后介绍全球气候治理的核心机制——联合国气候变化大会，并简要分析2005—2015年大会发展的各个阶段。

　　第二章主要介绍日本参与全球气候治理的过程，考察的重点是在这一过程中日本是否获得了在全球气候治理事务中的大国地位。日本在参与全球气候治理与环境外交的过程中并非只参与缔约方大会。为了更加全面和客观，本章还介绍日本参与国际环境事务的其他机制，主要包括日本在亚太环境会议（ECO ASIA）和环境官方发展援助，以及八国集团（G8）峰会中关于气候变化问题的交涉。

　　第三章主要介绍日本参与全球气候治理的主体与决策机制。参与主体主要介绍了包括代表国家行为体进行谈判的政府机构，以及在日本环境治理中发挥重要作用的地方公共团体、非政府组织/非营利组织、企业、学术机构等非政府行为体。日本参与全球气候治理的态度和利益关乎其国内各个利益团体，这些利益团体既存在利益冲突也会有合作或者妥协。此章介绍了各个利益集团是如何就气候外交进行决策的。

　　第四章试图追踪日本参与全球气候治理的利益诉求。通过分析日本在联合国气候变化大会谈判中的表现，发现日本有如下关切：（1）对全球气候治理资金中关于资金管理、融资以及长期资金问题的关切；（2）对清洁发展机制的关切；（3）对气候有益技术转让及知识产权的关切。日本在这些方面的国际交涉是国内利益诉求的体现。

　　第五章首先考察日本的气候减排承诺是否实现，成果如何，其次分析日本在参与过程中的坚持与变化究竟有哪些，最后从多角度来分析影响日本参与全球气候治理行为的因素。本章具体解答的问题是日本的经济与减排是否脱钩、《京都议定书》对日本的约束力，以及国内外因素对日本参

---

　　① 薄燕、高翔：《中国与全球气候治理机制的变迁》，上海人民出版社，2017，第6页。

与气候变化谈判中承诺改变的影响。此章是回答本书核心问题的"预热"，为结论中回答问题奠定基础。

第六章是结论部分。本章首先回答导论中提出的问题；其次阐述研究过程中主要发现的问题及其特点；再次是就日本应对气候变化经验提出对中国应对气候变化的建议；最后指出研究的不足和未来的研究方向。

（二）研究意义

就学术意义而言，既有文献较少考察日本在《京都议定书》生效至巴黎大会期间参与全球气候治理的具体利益诉求。本书在既有文献的基础上，尽可能做了一些创新性研究。第一，本书的研究范围是《京都议定书》生效至巴黎大会这一时期日本参与全球气候治理的情况。对于这一时期日本的参与情况和态度变化，很少有学者单独探讨。第二，本书通过分析国际可持续发展研究所（IISD）编发的联合国气候变化大会谈判记录，考察《公约》秘书处对日本的深度审查报告，同时结合阅读一线工作者撰写的文献，尽量做到客观、全面地利用文献，从而把握日本参与全球气候治理的动态趋势与利益诉求。第三，本书兼顾分析日本参与全球气候治理的参与主体与决策机制。在分析日本国际交涉的同时，不忘考察日本国内的诸多因素。

日本是一个资源匮乏的岛国，但是在全球气候治理中有着丰富的经验。一方面，日本国内有着先进的节能环保技术和成功的治污经验，其治理模式成为许多国家的典范；另一方面，日本参与全球国际事务相对较早，并且举办了京都气候大会，著名的《京都议定书》这一气候治理标志性法律文件也是以日本京都命名的。就政策意义来看，研究日本参与全球气候治理过程在一定程度上有助于我们理解日本参与全球治理和国际事务的决策过程与偏好。同时借鉴日本参与气候治理的过程有助于中国少走弯路，积极开展环境外交，把握绿色经济发展方向。

党的十八大提出大力推进生态文明建设，树立尊重自然、顺应自然、保护自然的生态文明理念，把生态文明建设放在突出地位，融入经济建设、政治建设、文化建设、社会建设各方面和全过程。2015年4月25日，中国颁布了《中共中央 国务院关于加快推进生态文明建设的意见》，坚持把绿色发展、循环发展、低碳发展作为基本途径。这必将带动中国的产业能源结构、生产方式的改变。分析和借鉴日本的气候治理经验，有助于中国争取绿色高效的发展。

第一章　全球气候治理机制的构成

在全球气候治理机制中，国际条约体系是支撑治理主体与进程的主要框架，它构建起一系列的原则和规则，并始终贯穿于整个全球气候治理进程。全球气候治理机制离不开参与主体，它主导着机制的创立、运行与变迁。联合国气候变化大会推动全球气候治理机制的发展，为机制的发展提供最广阔的平台。日本作为全球气候治理的重要参与者之一，其行为和决策都在整个机制框架下进行。

第一节　全球气候治理机制的国际条约体系

全球气候治理机制由一系列政府间多边气候协议构成。① 到目前为止，《联合国气候变化框架公约》《京都议定书》和《巴黎协定》是全球气候治理机制中最重要的、具有里程碑意义的三个多边协议。

一、全球气候治理的谈判框架

2016年11月4日《巴黎协定》正式生效。《巴黎协定》于2015年12月在巴黎气候大会上通过后，在不到一年的时间里就得以生效，成为生效最快的国际多边条约之一。《巴黎协定》的生效是全球气候治理的里程碑，它体现了国际社会对气候变化这一影响人类命运的重要课题采取共同行动的坚定决心。联合国政府间气候变化专门委员会第五次评估报告的一项重要结论显示，全球气候变暖是毋庸置疑的事实，经权威观测，大气和海洋变暖、积雪减少、海平面上升、温室气体浓度增加等现象均是数十年到数千

---

① 薄燕、高翔：《中国与全球气候治理机制的变迁》，上海人民出版社，2017，第63页。

年中前所未有的。在过去的30年间，地表温度逐渐升高，比1850年以来的任何一个10年都偏暖；此外，全球冰川继续缩退，北半球春季积雪面积逐渐缩小；1901—2010年，全球海平面平均上升了0.19米。人类活动极有可能（95%以上的概率）是引起1951年来全球气候变暖的主要原因。[1] 这意味着气候变化是一个有科学研究支撑的真命题，并且与人类活动、人类文明的发展息息相关，是全世界共同面临的问题，它需要国际社会以积极合作的态度来应对。

在国际关系研究视域中，气候变化属于生态环境安全问题，是非传统安全问题。[2] 冷战的结束被认为是传统安全和非传统安全问题重要性变化的"分水岭"。随着冷战结束，以美苏为主的两极对抗格局瓦解，国际事务的关注焦点也逐渐发生转移，从"高级政治"（指国家利益、国家安全、军事战略等）逐步向"低级政治"（指经济发展、人口与粮食问题、社会福利等）过渡，[3] 国际社会对环境问题的关注逐渐加强。1992年召开的联合国环境与发展大会通过了《联合国气候变化框架公约》《生物多样性公约》《21世纪议程》等多个重要文件。1994年联合国开发计划署发表的《人类发展报告》明确定义了"人类安全"的概念，提出了人类面临的七大安全问题，即经济安全、粮食安全、健康安全、环境安全、人身安全、共同体安全和政治安全。

气候变化议题已牢牢地占据着当今国际政治议程的核心位置。这主要反映在两个方面：第一，从国际社会的认知来看，气候变化对人类安全构成重大挑战。第二，从当今国际关系和外交的实践来看，气候变化议题已赫然成为各种多边外交和双边外交讨论最多的话题。[4] 虽然全球环境治理是人类共同的利益，但是其中不免会有利益冲突与纷争。在"拯救地球"

---

[1]　IPCC, 2014, "Climate Change 2014: Synthesis Report Summary for Policymakers," Last Modified June 25, 2018. http://www.ipcc.ch/pdf/assessment-report/ar5/syr/AR5_SYR_FINAL_SPM.pdf.

[2]　参见王帆、卢静编《国际安全概论》，世界知识出版社，2010。

[3]　相互依存论认为：国家所面临的许多问题趋于全球化，即类似能源、人口、环境、粮食、裁军、发展等问题已成为"全球性问题"，单靠个别国家的努力已无法解决。格哈特·马利（Gerherd Mally）把相互依存分为四大类：安全相互依存、生态相互依存、经济相互依存和政治组织相互依存。前两大类关系叫作人类的生存，后两大类的重点是国家的福利和政治的互动。

[4]　张海滨：《气候变化正在塑造21世纪的国际政治》，《外交评论》2009年第6期。

这样悲壮的口号之下，碳减排谈判其实充满着激烈的利益博弈。①

《联合国气候变化框架公约》是1992年5月9日联合国政府间谈判委员会就气候变化问题达成的公约，于1992年6月4日在巴西里约热内卢举行的联合国环境与发展大会上通过。联合国气候变化大会指《公约》缔约方大会，该会议自1995年起每年11月或12月召开一次。《公约》中确定的"共同但有区别的责任和各自的能力"原则（以下简称"共区原则"）界定了全球气候机制的基本特征。②该原则含义是，发达国家和发展中国家都要为应对气候变化作出贡献，但由于它们对当前气候变化承担不同责任，并且承担能力也不同，所以贡献理应不同。一直以来，围绕"共区原则"的谈判是缔约方大会谈判重点，换言之，各缔约方主要围绕全球气候治理议程，就谁有怎样的能力，愿意付出怎样的代价，承担怎样的责任，得到或牺牲什么利益进行谈判。

全球气候治理在过去的20多年间通过联合国气候变化谈判经历了不断的发展和演变，也确立了一系列多边气候协议及决议，其中最为核心的是《联合国气候变化框架公约》《京都议定书》以及《巴黎协定》，这是因为全球气候治理以《公约》作为谈判基础。国际气候谈判大体经历了三个阶段。③第一阶段是1990—1994年国际气候谈判启动和开始阶段。在这一阶段，发展中国家团结一致，强调发达国家在气候变化问题上的历史责任，要求在《公约》中明确体现南北公平和"共区原则"。第二阶段是1995—2005年《京都议定书》谈判和批准阶段。这一阶段虽然维持了南北对立的基本格局，但发达国家和发展中国家内部开始出现分歧。在反对为发展中国家增加新义务的斗争中，"77国集团+中国"模式取得了极大的成功。第三阶段是2005年之后的"后京都谈判"阶段。这一阶段《公约》第三次缔约方大会（即京都会议）通过的《京都议定书》生效，在为附件一中的国家（发达国家和转轨国家）制定具有法律约束力的削减目标的同时，也引

---

① 人民网：《丁仲礼："拯救地球"口号下的国际大博弈》，2015年3月31日，http://scitech.people.com.cn/n/2015/0331/c1057-26777234.html，访问日期：2018年6月25日。
② 薄燕、高翔：《中国与全球气候治理机制的变迁》，上海人民出版社，2017，第4页。
③ 此类分法按照谈判达成的协议及各谈判阵营立场划分，也有学者根据全球气候治理的原则划分，如李慧明：《〈巴黎协定〉与全球气候治理体系的转型》，《国际展望》2016年第2期。

入了三个灵活机制。由此，发展中国家集团内部出现利益分歧和内部分化的趋势。[①]

发展中国家分化为以中国为首，加上印度、南非和巴西的"基础四国"集团，由大洋上一些小岛屿和低海拔沿岸国家组成的"小岛屿国家联盟"集团，以及"最不发达国家"集团。虽然还属于发展中国家，但一些国家由于经济增速相对较快，被认为是新兴经济体国家，这些国家碳排放量也相对较多，减排压力和责任也逐渐增大。因此，这些国家虽然也有一定程度的减排意愿，但更强调"有区别的"责任，认为发达国家应该承担更多历史责任，率先减排。"小岛屿国家联盟"处于气候变化毁灭性影响的最前沿，因为气候变暖关乎他们的生死存亡，因此这些国家十分积极支持减排，希望各国能实行更严格的排放标准。"最不发达国家"由于极度贫困和落后，本身的防御和救治能力非常低下，一旦遭遇气候灾难和极端天气，就要付出更加惨痛的代价，可谓雪上加霜。它们总体上排放很低，但却承担了更多气候变化带来的不利影响，因此他们希望发达国家提供更多的资金援助。

发达国家集团内部分化成了欧盟和伞形集团。欧盟国家的清洁能源有相对优势，因此在减排上相对积极，对减排目标的执行也相对到位，并积极督促其他国家减排。伞形集团是指欧盟以外的一些发达国家，以美国为首，还包括加拿大、日本、澳大利亚等国，这些国家在地图上的连线像一把伞，因此被称为伞形集团。伞形集团国家总体上还很依赖化石能源，减排代价很大，减排态度不如欧盟国家积极。它们倡导在全球气候谈判中由"共同但有区别的责任"＋"强制减排"的模式逐渐向"有区别但共同的责任"＋"自主承诺"的模式转变。

二、全球气候治理的核心法律条约

（一）《联合国气候变化框架公约》

《联合国气候变化框架公约》诞生于1992年6月举行的联合国环境与

---

① 参见庄贵阳、陈迎：《试析国际气候谈判中的国家集团及其影响》，《太平洋学报》2001年第2期；陈迎：《国际气候制度的演进及对中国谈判立场的分析》，《世界经济与政治》2007年第2期。

发展大会。《公约》迄今有197个缔约方（当时有154个缔约方），其中包括196个国家和1个区域经济一体化组织，[①] 在全球气候治理机制中有最高的普遍性，是全球气候治理的基石，是全球气候治理中最为广泛接受的国际法。

虽然在《公约》生效之际，气候问题存在科学上的不确定性，但气候变化问题已经显现，国际社会确定应该为了人类的安全利益联合应对气候问题的共识。《公约》为全球气候治理指明了最终目标，明确了原则和规则，确定了系统的程序和机构，为联合国气候变化谈判提供了制度框架。其中《公约》所规定的目标和原则是气候变化大会谈判的基本指引，虽然在气候谈判中各国家、集团围绕其展开过激烈的竞争，但这两块基石至今依然没有改变。

全球气候治理机制的目标在《公约》第2条中得到阐明。《公约》第2条指出：

> 本公约以及缔约方会议可能通过的任何相关法律文书的最终目标是：根据本公约的各项有关规定，将大气中温室气体的浓度稳定在防止气候系统受到危险的人为干扰的水平上。这一水平应当在足以使生态系统能够自然地适应气候变化、确保粮食生产免受威胁并使经济发展能够可持续地进行的时间范围内实现。[②]

全球气候治理机制的原则在《公约》第3条中得到阐明。《公约》第3条指出：

> 各缔约方在为实现本公约的目标和履行其各项规定而采取行动时，除其他外，应以下列作为指导：
> 1. 各缔约方应当在公平的基础上，并根据它们共同但有区别的责任和各自的能力，为人类当代和后代的利益保护气候系统。

[①] UNFCCC, 1992, "Status of Ratification of the Convention," Last Modified June 25, 2018, https://unfccc.int/process/the-convention/what-is-the-convention/status-of-ratification-of-the-convention.

[②] 联合国：《联合国气候变化框架公约》，1992。

因此，发达国家缔约方应当率先对付气候变化及其不利影响。

2. 应当充分考虑到发展中国家缔约方尤其是特别易受气候变化不利影响的那些发展中国家缔约方的具体需要和特殊情况，也应当充分考虑到那些按本公约必须承担不成比例或不正常负担的缔约方特别是发展中国家缔约方的具体需要和特殊情况。

3. 各缔约方应当采取预防措施，预测、防止或尽量减少引起气候变化的原因，并缓解其不利影响。当存在造成严重或不可逆转的损害的威胁时，不应当以科学上没有完全的确定性为理由推迟采取这类措施，同时考虑到应付气候变化的政策和措施应当讲求成本效益，确保以尽可能最低的费用获得全球效益。为此，这种政策和措施应当考虑到不同的社会经济情况，并且应当具有全面性，包括所有有关的温室气体源、汇和库及适应措施，并涵盖所有经济部门。应付气候变化的努力可由有关的缔约方合作进行。

4. 各缔约方有权并且应当促进可持续的发展。保护气候系统免遭人为变化的政策和措施应当适合每个缔约方的具体情况，并应当结合到国家的发展计划中去，同时考虑到经济发展对于采取措施应付气候变化是至关重要的。

5. 各缔约方应当合作促进有利的和开放的国际经济体系，这种体系将促成所有缔约方特别是发展中国家缔约方的可持续经济增长和发展，从而使它们有能力更好地应付气候变化的问题。为对付气候变化而采取的措施，包括单方面措施，不应当成为国际贸易上的任意或无理的歧视手段或者隐蔽的限制。

上述《公约》原则可以简化为"公平与共同但有区别的责任和各自的能力原则""应当充分考虑到发展中国家情况原则""预防原则""促进可持续发展原则""应对气候变化国际经济贸易协调原则"。这些原则是发达国家和发展中国家利益妥协的结果，其中"共区原则"界定了全球气候治理机制的原则和最终目标，[①]并且在《京都议定书》中得以体现，之后的

---

① 薄燕、高翔：《中国与全球气候治理机制的变迁》，上海人民出版社，2017，第3页。

《巴黎协定》也坚持了该原则。这一原则亦是全球气候谈判的重点争论所在，各谈判集团在气候谈判中展开的激烈讨论，基本都是围绕这一原则。

（二）《京都议定书》

广泛意义上的《京都议定书》的谈判应始于《公约》第一次缔约方大会，即柏林大会中确立的"柏林授权"。为了进行公约后续法律文件谈判，会议成立了"柏林授权特别小组"，为1997年在日本京都举行的第三次缔约方大会做了准备工作。1997年12月11日《公约》第三次缔约方大会上通过了《京都议定书》，之后在2001年的《公约》第七次缔约方大会中通过《马拉喀什协定》，确定了有关《议定书》所履行的具体规则，其第一个承诺期始于2008年，并于2012年结束。

《京都议定书》是一项与《公约》相关的国际协议，《议定书》通过制定具有国际约束力的减排目标向其缔约方承诺。由于认识到发达国家是过去150多年工业活动的主体，是目前大气中高温室气体排放的制造者，《议定书》在"共区原则"下给发达国家施加了较重的压力。[①]《京都议定书》于2005年开始生效。根据这份议定书，从2008年到2012年，主要工业发达国家的温室气体排放量要在1990年的基础上平均减少5.2%，其中欧盟将六种温室气体的排放量削减8%，美国削减7%，日本和加拿大各削减6%。同时《议定书》允许澳大利亚增加温室气体排放8%，挪威增加1%，俄罗斯、乌克兰、新西兰等国则须维持1990年的排放水平。值得注意的是，《议定书》并没有明确广大发展中国家的减排目标，只是要求包括中国和印度在内的发展中温室气体排放大国制定减排目标。[②]

《议定书》为各缔约方制定了减排标准，但是也建立了三个灵活机制，即联合履约（Joint Implementation，JI）、清洁发展机制（Clean Development Mechanism，CDM）以及排放贸易（Emissions Trading，ET）。联合履约是指发达国家之间通过项目级的合作，将其所实现的减排单位（Emission Reduction Unit，ERU）转让给另一发达国家缔约方，但是同时必须在转让方的"分配数量"（Assigned Amount Units，AAU）配额上

---

① UNFCCC, 1997, "What Is the Kyoto Protocol?" Last Modified June 25, 2018, https://unfccc.int/process-and-meetings/the-kyoto-protocol/what-is-the-kyoto-protocol.

② 陈刚：《京都议定书与国际气候合作》，新华出版社，2008，第48页。

扣减相应的额度；[①] 清洁发展机制是指发达国家通过提供资金和技术的方式，与发展中国家开展项目级的合作，将项目所实现的"经核证的减排量"（Certified Emission Reduction，CER）用于发达国家缔约方完成在议定书第3条下的承诺；[②] 排放贸易是指一个发达国家将其超额完成减排义务的指标，以贸易的方式转让给另外一个未能完成减排义务的发达国家，并同时从转让方的允许排放限额上扣减相应的转让额度。[③] 这三种灵活机制旨在利用市场力量来推动绿色投资，从而实现有效减排。

2012年的多哈气候大会从法律上确定了《议定书》第二承诺期将于2013年1月1日开始并于2020年12月31日结束，但锁定的减排承诺缺乏力度。美国未在《议定书》上签字，加拿大退出《议定书》，俄罗斯、日本、新西兰都拒绝承担第二承诺期的减排目标。因此有学者认为多哈气候大会并没有解决《京都议定书》的遗留问题，并且淡化了京都时代"自上而下"的总体减排形式，[④] 甚至认为是一种"开倒车"。[⑤]

（三）《巴黎协定》

《巴黎协定》是全球气候治理的第三个重要协议，于2015年在《公约》第二十一次缔约方大会上通过，并于2016年11月4日生效。由于未来国际气候治理仍存在相当程度的不确定性，巴黎大会在外交上的成功并不意味着《巴黎协定》一定能得到顺利执行，[⑥] 但其依然被认为是气候治理的转折。[⑦] 《巴黎协定》的核心目标有三个：一是把全球平均气温较工业化前水平升高控制在2℃之内，并为把升温控制在1.5℃之内加强全球对气候变化威胁的应对；二是该协定旨在加强各国应对气候变化影响的能力；三是确

---

① UNFCCC, 1997, "Joint Implementation," Last Modified June 25, 2018, https://unfccc.int/process/the-kyoto-protocol/mechanisms/joint-implementation.

② UNFCCC, 1997, "The Clean Development Mechanism," Last Modified June 25, 2018, https://unfccc.int/process-and-meetings/the-kyoto-protocol/mechanisms-under-the-kyoto-protocol/the-clean-development-mechanism.

③ UNFCCC, 1997, "Emissions Trading," Last Modified June 25, 2018, https://unfccc.int/process/the-kyoto-protocol/mechanisms/emissions-trading.

④ 李慧明：《〈巴黎协定〉与全球气候治理体系的转型》，《国际展望》2016年第2期。

⑤ Michael Grubb, "Doha's Dawn?" *Climate Policy*, Vol.13, No.3, 2013, pp.281-284.

⑥ 董亮：《会议外交、谈判管理与巴黎气候大会》，《外交评论》2017年第2期。

⑦ Nature Editorial, "A Seismic Shift," *Nature*, Vol.12, 2015, p.528, 转引自朱松丽、高翔：《从哥本哈根到巴黎——国际气候制度的变迁和发展》，清华大学出版社，2017，第247页。

立了应对气候变化的长期目标，提出了资金、技术、能力建设、市场机制等一系列制度安排，为国际社会在这些领域进行绿色投资、建设绿色基础设施、增加绿色就业等提供机遇。[①] 为实现这些目标，将建立适当的资金流动、新的技术框架并加强能力建设的框架，从而支持发展中国家和最脆弱国家根据其国家目标采取行动。该协定还通过更加健全的透明度框架，提高行动和支持的透明度。[②]

《巴黎协定》规定了各缔约方在2020年后如何落实和实施《公约》框架，其参与国家最多，达成时间最短。值得注意的是《巴黎协定》并没有像《京都议定书》那样按照《公约》缔约方的模式采取附件一和非附件一的"二分法"，[③]《巴黎协定》第2条第2款呼吁各缔约方继续依据"共同但有区别的责任和各自能力的原则"决定其减排目标。[④] 这种没有对发达国家明确约束的条约，无疑是要求发展中国家特别是其中的新兴排放大国承担更多的责任，这在一定程度上打破了全球气候治理的原则。

"国家自主贡献"（Nationally Determined Contributions，NDC）是《巴黎协定》所建立起的新模式，是一种"自下而上"的模式。《巴黎协定》要求国家根据其不同国情和能力来决定减排量，相对于《京都议定书》规定的"硬法"性质的"自上而下"模式，"自下而上"则是"软法"或道德符号，因此，其对各国的约束力有相当的模糊性、灵活性和不确定性。部分国家把国家自主贡献转化为国内法，以确定其所具有的法律约束力。虽然《巴黎协定》是有约束力的国际条约，但其约束力并不在于《巴黎协定》所采取的形式，而是取决于协定的内容使缔约方所产生的法律义务。[⑤]

对于一向备受关注的资金问题，早在2009年，为了推动《哥本哈根协

---

① UNFCCC, 2016, "What is the Paris Agreement?" Last Modified June 25, 2018, https://unfccc.int/process-and-meetings/the-paris-agreement/what-is-the-paris-agreement.

② Ibid.

③ 相关谈判策略上，由于美国、日本等伞形国家打破二分法的呼声很强烈，欧盟采取较保守的姿态。

④ 《巴黎协定》, UNFCCC, Last Modified June 25, 2018, https://unfccc.int/resource/docs/2015/cop21/chi/109c.pdf。

⑤ Daniel Bodansky and Lavanya Rajanani, "Key Legal Issues in the 2015 Climate Negotiations," Center for Climate and Energy Solutions, Last Modified June 25, 2018. http://www.c2es.org/doc Uploads/legal-issues-brief-06-2015.pdf.

议》的达成，美国等发达国家承诺提高气候出资的数量，在 2020 年达到年均 1000 亿美元的水平。但发达国家的承诺在《巴黎协定》中依然未得到有效落实，其更没有为发展中国家提供新的、额外的资金支持。在中国承诺南南气候合作基金后，部分发达国家甚至一些发展中国家都想将南南合作纳入《公约》体系，进行相应的管理、报告和核证。[①]

除了以上三个多边气候协议，全球气候治理机制中还有一些重要的多边协议或者决议，在促进《巴黎协定》达成的过程中发挥了重要作用，如"巴厘路线图"（The Bali Roadmap）、《坎昆协议》（The Cancun Agreements）、《增强行动的德班平台》（The Durban Platform for Enhanced Action）、《多哈通道》（The Doha Climate Gateway）、《华沙结果》（Warsaw Outcomes）、《利马行动倡议》（Lima Call to Action）等。

第二节　全球气候治理的参与主体与组织机构

全球气候治理机制的参与主体主要有国家、国际组织及非国家行为体。它们在全球气候治理机制中都有非常关键的作用，相比而言国家是其中最重要的行为体，但随着全球气候治理的复杂化，集团的力量在谈判过程中日益突显。组织机构使全球气候治理机制有了行动力，为参与者提供了平台。

一、参与全球气候治理的主权国家与集团

虽然全球气候治理的参与主体在朝着不断多元化的方向发展，然而主权国家仍然是其最重要的参与主体之一。

（一）主权国家

《公约》目前有 197 个缔约方，根据不同的承诺将参与全球气候治理的国家分为三大类，[②]具体国家详见表 1–1。

第一类是附件一缔约方。包括 1992 年经济合作与发展组织（简称"经

---

① 庄贵阳、周伟铎：《全球气候治理模式转变及中国的贡献》，《当代世界》2016 年第 1 期。

② UNFCCC, 1997, "What is the Kyoto Protocol?" Last Modified June 25, 2018, https://unfccc.int/process-and-meetings/the-kyoto-protocol/what-is-the-kyoto-protocol.

合组织"，OECD）成员国的工业化国家，欧盟（欧共体），以及经济转型国家（经济转型期缔约方，包括俄罗斯联邦、波罗的海国家和部分中东欧国家）。

第二类是附件二缔约方。由附件一的经合组织成员和欧盟（欧共体）组成，但不包括经济转型期缔约方。这些国家应提供财政资源，使发展中国家能够根据《公约》开展减排活动，并帮助它们适应气候变化的不利影响。此外，他们必须"采取一切切实可行的步骤"，促进环境友好型技术向经济转型期缔约方和发展中国家转让。附件二缔约方提供的资金主要通过《公约》的财务机制实现。

第三类是非附件一缔约方，主要是发展中国家，有154个。《公约》承认某些发展中国家群体特别容易受到气候变化的不利影响，包括低洼沿海地区和易受荒漠化和干旱影响的国家。这些国家如果是严重依赖化石燃料生产和商业收入的国家，则更容易受到气候变化应对措施的潜在经济影响。《公约》强调回应这些脆弱国家的特殊需要和关切的活动，例如投资、保险和技术转让。其中一些非洲、亚洲等的发展中国家缔约方被列为"最不发达国家"，因其应对气候变化和适应其不利影响的能力有限而在《公约》框架下得到特别考虑。《公约》敦促缔约方在审议供资和技术转让等活动时充分考虑最不发达国家的特殊情况。

《京都议定书》有192个缔约方，其中附件B缔约方需要承担量化减排承诺指标。美国未批准《京都议定书》，而加拿大于2012年12月15日退出《议定书》，从此不履行附件B缔约方责任。

表1-1 《公约》缔约方分组（共197个缔约方）

附件一缔约方（43个）	附件二缔约方（24个）	非附件一缔约方（154个）
澳大利亚、奥地利、白俄罗斯、比利时、保加利亚、加拿大、希腊、捷克、斯洛伐克、斯洛文尼亚、匈牙利、丹麦、冰岛、爱尔兰、塞浦路斯、罗马尼亚、意大利、俄罗斯联邦、日本、西班牙、拉脱维亚、瑞典、立陶宛、瑞士、卢森堡、土耳其、荷兰、乌克兰、新西兰、大不列颠及北爱尔兰联合王国、挪威、美利坚合众国、波兰、葡萄牙、欧洲共同体（欧盟）、爱沙尼亚、芬兰、法国、德国、列支敦士登、摩纳哥、马耳他、克罗地亚。	澳大利亚、奥地利、比利时、加拿大、丹麦、欧洲共同体（欧盟）、芬兰、法国、德国、希腊、冰岛、爱尔兰、意大利、日本、卢森堡、荷兰、新西兰、挪威、葡萄牙、西班牙、瑞典、瑞士、大不列颠及北爱尔兰联合王国、美利坚合众国。	主要是发展中国家、最不发达国家、对气候变化的负面影响尤其脆弱的国家。

资料来源：联合国：《联合国气候变化框架公约》。

（二）谈判集团

国际气候谈判中集团化的趋势越来越明显且呈"碎片化"，[1] 呈现出参与谈判的国家与集团发生变化、南北矛盾在谈判中影响下降、联合国主导自上而下的治理模式影响力不断减弱的趋势。[2] 一些主要谈判集团（如表1-2所示）的力量日益突显，整体趋势为传统发达国家与发展中国家针锋相对的谈判格局演变为"排放大国与排放小国"的格局。

---

① 王文涛、朱松丽：《国际气候变化谈判：路径趋势及中国的战略选择》，《中国人口·资源与环境》2013年第9期。

② 于宏源：《气候谈判地缘变化和华沙大会》，《国际关系研究》2014年第3期。

表1-2 气候变化谈判进程中的主要集团

集团名称	成员国	成立时间	谈判态度/关切
欧盟	欧盟27国（2021年1月）	1952年	气候变化全球治理的中坚力量，自2009年哥本哈根会议以来，其影响力虽然有所减弱，但依然是领导者，须防止较大幅度倒退现象。
伞形集团	澳大利亚、加拿大、冰岛、日本、哈萨克斯坦、新西兰、挪威、俄罗斯、乌克兰、美国	2005年	强调根据国情作出减排贡献。虽然有些是发达国家，但对于承担责任并不十分积极。美国虽在一定程度上主导谈判却没有坚持履行《京都议定书》。澳大利亚、加拿大、日本亦在许多问题上逃避责任。
77国集团+中国	135个发展中国家（2021年7月）	1964年	在坚持"二分法"，要求发达国家对历史排放责任负责的问题上，态度基本一致。
小岛屿国家联盟（AOSIS）	43个低洼和小岛屿国家，受气候变化负面影响最大	1990年	在气候谈判中要求世界各国关注其生存权的愿望强烈；对于国际资金、技术等方面援助的要求迫切；要求国际社会承认其成员国向其他国家环境移民的权利。
最不发达国家（LDCs）	非洲、亚洲等的社会经济发展水平及人类发展指数最低的发展中国家	1971年	呼吁大幅降低排放，参与度不是很高，关切资金。
经济转型国家（EIT）	附件一缔约方中OECD国家之外的国家，包括俄罗斯和其他中东欧国家		灵活机制；排放配额的结转。
基础四国	中国、印度、巴西、南非	2009年	在《哥本哈根协议》形成中发挥重大作用，而且是促成《坎昆协议》、德班气候变化大会决议的主要推动力之一。在德班平台谈判中发挥着越来越重要的作用。在原则问题上保持一致。但各自有不同关切，在谈判中经常互相制衡，有时"双向结盟"。

续表

集团名称	成员国	成立时间	谈判态度/关切
石油输出国组织（OPEC）	阿尔及利亚、印度尼西亚、伊朗、科威特、利比亚、尼日利亚、卡塔尔、沙特阿拉伯、阿拉伯联合酋长国、委内瑞拉	1960年	应对气候变化应对措施的"溢出效应"。
立场相近发展中国家（LMDC）	阿尔及利亚、阿根廷、巴林、玻利维亚、科摩罗、中国、古巴、刚果（金）、多米尼加、吉布提、厄瓜多尔、埃及、萨尔瓦多、菲律宾、印度、伊朗、伊拉克、约旦、科威特、利比亚、马来西亚、马里、毛里塔尼亚、摩洛哥、尼加拉瓜、阿曼、巴勒斯坦、巴基斯坦、巴拉圭、沙特阿拉伯、索马里、斯里兰卡、苏丹、叙利亚、泰国、突尼斯、委内瑞拉、也门	2012年	反对改写和重新解读《公约》，坚持"共区原则"。主张"二分法"，强力要求发达国家履行减排责任。与拉美独立国家联盟针锋相对。
拉美独立国家联盟（AILAC）	智利、哥伦比亚、哥斯达黎加、危地马拉、巴拿马、秘鲁、乌拉圭	2012年	气候谈判中的南北桥梁，行动积极。处于"77国集团+中国"的中间集团，既不是最穷也不是最富裕。宗旨：在国情、能力和责任不同的各国/集团之间搭建桥梁。有采取行动的政治意愿，愿意提高雄心，树立榜样。
雄心联盟（HAC）	欧盟、美国联合79个非洲、加勒比海及太平洋国家	2015年	

资料来源：作者根据朱松丽、高翔：《从哥本哈根到巴黎——国际气候制度的变迁和发展》及国际可持续发展研究所谈判记录整理。

（三）观察员组织

观察员组织主要分联合国系统及专门机构、政府间组织、非政府组织。根据《公约》第7条第6款规定：

> 联合国及其专门机构和国际原子能机构，以及它们的非为本公约缔约方的会员国或观察员，均可作为观察员出席缔约方会议的各届会议。任何在本公约所涉事项上具备资格的团体或机构，不管其为国家或国际的、政府或非政府的，经通知秘书处其愿意作为观察员出席缔约方会议的某届会议，均可予以接纳，除非出席的缔约方至少三分之一反对。观察员的接纳和参加应遵循缔约方会议通过的议事规则。

因此，环境团体、农业界代表、地方政府、工商界代表、研究和学术机构、妇女及女性团体、青年及学生团体等都可以成为观察员组织。近年的缔约方大会中，观察员组织逐渐增多，体现了社会各界对全球气候治理的关切。

二、全球气候治理机制的组织机构

全球气候治理机制有一系列组织机构，这些机构维持和促进机制的运行和发展，使机制具有行动力。全球气候治理机制的基本组织机构建立在《公约》《议定书》框架下。随着《巴黎协定》的通过，国际社会也围绕其设置了新的组织机构。

（一）国际条约直接建立的机构[①]

缔约方大会是全球气候治理机制的最高决策机构。作为《公约》缔约方的所有国家和国际组织均派代表参加缔约方大会，审查《公约》的执行情况和缔约方大会通过的其他法律文书，并作出促进有效执行《公约》所需的决定，包括制度和行政安排。《公约》缔约方大会也是《京都议定书》

---

① UNFCCC, "What are Bodies?" Last Modified June 25, 2018, https://unfccc.int/process-and-meetings/bodies/the-big-picture/what-are-bodies，如无特殊标注，本节以下内容均参考此官方网页。

和《巴黎协定》的缔约方会议。作为《京都议定书》缔约方会议的《公约》缔约方大会，所有作为《京都议定书》缔约方的国家均有代表参加，而非缔约方的国家则以观察员身份参加。《议定书》缔约方会议监督《京都议定书》的执行情况，并作出决定以促进其有效实施。2016年起，《公约》缔约方大会也开始作为《巴黎协定》缔约方会议（CMA）。《巴黎协定》缔约方会议的所有缔约方均出席作为《巴黎协定》缔约方会议的《公约》缔约方大会，而非缔约方的国家则以观察员身份参加。《巴黎协定》缔约方会议监督《巴黎协定》的实施，并作出决定以促进其有效实施。

主席团对《公约》《京都议定书》和《巴黎协定》正在进行的工作、会议的组织和秘书处的运作提供咨询和指导并支持缔约方大会。主席团成员由联合国五个区域集团和小岛屿发展中国家各自提名的缔约方代表选出。主席团下有两个常设附属机构，即附属科学技术咨询机构（Subsidiary Body for Scientific and Technological Advice，SBSTA）和附属执行机构（Subsidiary Body for Implementation，SBI）。附属科学技术咨询机构通过及时提供与《公约》《京都议定书》和《巴黎协定》有关的科学和技术问题的信息和咨询意见，支持缔约方大会的工作。附属执行机构通过对《公约》《京都议定书》和《巴黎协定》履行情况的评估和评审来支持《公约》《京都议定书》和《巴黎协定》的工作。

此外，《公约》秘书处是全球气候治理最重要的行政机构。秘书处成立于1992年，当时各国通过了《联合国气候变化框架公约》。随着1997年《京都议定书》和2015年《巴黎协定》的通过，这三项协议的缔约方将秘书处合并为一。秘书处在早期主要致力于促进政府间气候变化谈判，如今已支持一个复杂的机构架构，推动《公约》《京都议定书》和《巴黎协定》的执行。秘书处连同缔约方大会主席团，在联合国气候大会期间，向大会主席提供建议并执行主席团的任务，是大会最重要的执行机构。秘书处还提供专业技术知识，协助分析和审查缔约方报告的气候变化信息以及《京都议定书》机制的实施情况。《京都议定书》的生效使秘书处朝着技术化、专业化的方向发展，在国家报告与评估、土地使用、农林等方面发挥重要作用。秘书处同时负责《巴黎协定》要求的国家自主贡献（NDC）登记，这是执行《巴黎协定》的一个关键方面。

（二）缔约方大会下属机构①

除了国际条约直接建立的机构,《公约》下还设立其他一般机构,一般由缔约方大会设立。这些机构各尽其责,是全球气候治理机制中的重要组成部分。

适应委员会（Adaptation Committee，AC）作为坎昆适应框架的一部分,促进在《公约》下以协调一致的方式加强适应行动。此外,它还有以下职能:向缔约方提供技术支持和指导;分享相关信息、知识、经验和良好做法;促进协同增效并加强与国家、区域和国际组织、中心和网络的接触;根据适应良好做法提供信息和建议,供缔约方大会审议时提供关于激励实施适应行动的手段的指导,包括财务、技术和能力建设;考虑缔约方就监测和审查适应行动所传达的信息,提供支持和帮助。

资金常设委员会（Standing Committee on Finance，SCF）在缔约方大会第十六次大会上成立。其作用在于协助缔约方大会并履行与《公约》财务机制有关的职能,包括:提高气候变化融资的一致性和协调性;使财务机制合理化;调动资金;以及衡量、报告和核实向发展中国家缔约方提供的支持。除此之外还有一些资金机制,如全球环境基金（GEF）、绿色气候基金（GCF）、气候变化特别基金（SCCF）与适应基金（AF）。除此之外,《公约》第11条要求建立一个发达国家向发展中国家提供资金支持的机制。自20世纪90年代以来,为督促发达国家切实履行气候资金承诺,有效推进气候变化国际合作,国际社会相继建立了全球环境基金、适应基金、最不发达国家基金（LDCF）和气候变化特别基金,作为公约资金机制运行实体。这些资金机制在帮助发展中国家应对气候变化、推进气候变化国际合作等方面发挥了积极作用。②

华沙损失与损害国际机制执行委员会（Executive Committee of the Warsaw International Mechanism for Loss and Damage）,主要为华沙损失和损害国际机制提供指导。

---

① UNFCCC, "Constituted Bodies," Last Modified June 25, 2018, https://unfccc.int/process#:4137a64e-efea-4bbc-b773-d25d83eb4c34:39cf4354-cdec-48f4-a5eb-3bc77eeaa024.

② 潘寻:《气候公约资金机制下发达国家出资分摊机制研究》,《中国地质大学学报（社会科学版）》2016年第3期。

巴黎能力建设委员会（PCCB）成立于2015年，致力于解决发达国家与发展中国家当前和新出现的差距和需求，以实施和进一步加强发展中国家的能力建设，并将在确保《公约》下能力建设活动的一致性和协调方面发挥关键作用。

在技术方面建立的机构有技术执行委员会（TEC）与气候技术中心与网络（CTCN），前者负责技术机制研究，后者负责技术机制执行。

《公约》下有两个专家组咨询机构，分别是非附件一所列缔约方国家信息通报专家咨询小组（Consultative Group of Experts on National Communications from Parties not Included in Annex I to the Convention，CGE）与最不发达国家专家小组（Least Developed Countries Expert Group，LEG）。前者主要职责是为非附件一缔约方制定国家信息通报提供技术支持与合理建议，后者职责是向最不发达国家提供关于国家适应行动方案与技术支持和咨询意见。

《京都议定书》下也设立了一些机构，包括遵约委员会（The Compliance Committee of the Kyoto Protocol），旨在为《京都议定书》缔约方提供建议及帮助，促进和监督缔约方履约；清洁发展机制执行委员会（Executive Board of the Clean Development Mechanism，CDM-EB），旨在监督CDM机制的运行；联合履约监督委员会（Joint Implementation Supervisory Committee，JISC），旨在监督JI机制的运行；适应基金董事会（Adaptation Fund Board，AFB），旨在资助《京都议定书》下发展中国家的适应计划，着重关注最不发达国家及受气候变化负面影响最大的国家。

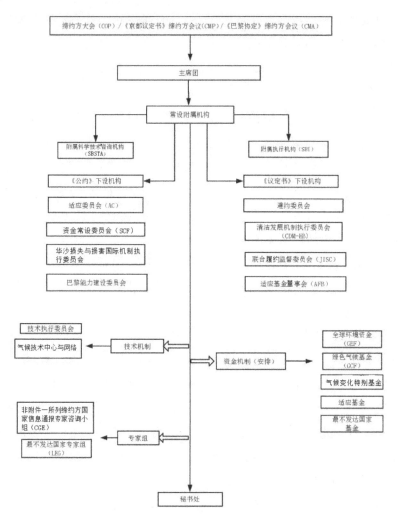

图1-1 《公约》体系下组织机构图

资料来源：作者根据《公约》内容自制。

第三节　联合国气候大会

当前的全球环境治理的沟通协调基本都是在相应的公约大会机制基础

上①进行的。大型会议已经成为全球环境治理中一个不可或缺的要素。②无疑，联合国气候大会是全球气候治理的核心机制。联合国气候大会是指《公约》《议定书》《巴黎协定》的缔约方大会。《公约》体系虽然不能代表国际气候制度的全部并且已经有明显的碎片化趋势，但却一直是国际合作不可替代的主渠道；缔约方大会不能完全代表《公约》体系的磋商过程，却最能体现磋商的复杂性。③

一、联合国气候大会的主要谈判成果

缔约方大会虽不能完全代表《公约》体系的磋商过程，却是参与方最多，内容最广的全球气候治理机制，最能体现谈判的综合性、复杂性。从1995年到2015年《巴黎协定》通过，缔约方已经召开了21次大会。如前所述，《京都议定书》于2005年2月16日生效，现在有192个缔约方。《公约》附件一缔约方的国家同意在2008—2012年（第一个承诺期）内将六种温室气体的总排放量在1990年水平基础上减少5.2%。④《京都议定书》缔约方第1次会议与《公约》缔约方第十一次大会，同时于2005年11月28日至12月9日在加拿大蒙特利尔举行（《公约》/《议定书》缔约方大会第1次会议），此次会议至巴黎大会达成《巴黎协定》经历了11年谈判（如表1-3所示）。⑤本节从2005年开启的《公约》/《议定书》双谈判的会议记录开始考察，梳理从京都时代到巴黎时代联合国气候大会的过程。

在2005年蒙特利尔气候大会上，缔约方讨论并通过了关于《京都议

---

① 如《联合国防治荒漠化公约》（United Nations Convention to Combat Desertification, UNCCD）缔约方大会、《联合国生物多样性公约》（Convention on Biological Diversity, CBD）缔约方大会。

② Riitberger Volker, "Global Conference Diplomacy and International Policy-Making: The Case of UN-Sponsored World Conferences," *European Journal of Political Research*, Vol.11, No.2, 2010, pp.167-182.

③ 朱松丽、高翔：《从哥本哈根到巴黎——国际气候制度的变迁和发展》，清华大学出版社，2017，第6页。

④ 具体目标因国家而异。

⑤ 国际可持续发展研究所（IISD）"地球谈判简报"（Earth Bulletin），"ELEVENTH CONFERENCE OF THE PARTIES TO THE UN FRAMEWORK CONVENTION ON CLIMATE CHANGE AND FIRST MEETING OF THE PARTIES TO THE KYOTO PROTOCOL," Last Modified June 25, 2018, http://enb.iisd.org/vol12/enb12280e.html.

定书》运作细节的决定，包括正式通过"蒙特利尔路线图"。缔约方还就2012年后承诺的进程作出决定，其中包括决定设立一个新的附属机构，即《京都议定书》之下附件一缔约方进一步承诺问题特设工作组（AWG）。[①]此外，会议讨论了能力建设、技术开发和转让、气候变化对发展中国家和最不发达国家的不利影响以及若干与财务和预算有关的问题。经过漫长的谈判，缔约方大会还商定了一个审议《联合国气候变化框架公约》下未来行动的进程，该进程将涉及一系列研讨会，这些研讨会将通过第十三次缔约方大会进行对此问题的"对话"。[②]

2007年12月，在印度尼西亚巴厘岛举行联合国气候变化大会。缔约方商定了为期两年的谈判进程，即"巴厘路线图"，并确定了在哥本哈根完成谈判的最后期限。[③]路线图是一套前瞻性决策，包括了在各种谈判"轨道"下需要完成的工作。"巴厘路线图"的谈判重点是长期问题，即《巴厘行动计划》。该计划建立了特设工作组，其任务重点是《公约》确定的长期合作关键要素，即减轻、适应、金融、技术和能力建设，目标是在2009年哥本哈根会议之前完成此任务。此外，"巴厘路线图"新设立特设工作组公约下的长期合作行动（Adhoc Working Group on Long-term Cooperative Action，AWG-LCA）旨在加强《公约》实施的谈判进程，并且进一步确定发达国家2012年后的减排指标，制定减排目标时间表，由此形成了"双轨"谈判格局。[④]

哥本哈根气候变化大会于2009年12月在丹麦哥本哈根举行。此次大会的特点是对透明度和流程的争议。[⑤]谈判会议组织方不够公开透明成为此次大会最大遗憾，但《哥本哈根协议》的内容是经得住时间检验的，它暗示了"自下而上"减排方式的可能性，[⑥]甚至为6年后的《巴黎协定》奠

---

① 根据《议定书》第3.9条设立。

② 国际可持续发展研究所（IISD）"地球谈判简报"（Earth Bulletin），Last Modified June 25, 2018, http://enb.iisd.org/vol12/enb12307e.html。

③ 同上。

④ 同上。

⑤ 同上。

⑥ Navroz K. D. and Lavany R., "Beyond Copenhagen: Next steps," *Climate Policy*, Vol.10, No.6, 2010, pp.593-599.

定了基础。大会最终形成的协议由美国与基础四国共同起草，折射出在气候变化问题上基础四国话语权的迅速提高，从而动摇了欧盟在气候变化格局中的领导地位。

2010年年底，在坎昆举行了公约第十六次缔约方大会暨《议定书》缔约方第6次会议。各方通过了《坎昆协议》，并将两个AWG的任务期限再延长一年。缔约方同意在2013—2015年审查期间考虑全球长期目标的充分性。《坎昆协议》还建立了若干新的机构和程序，包括坎昆适应框架，适应委员会和技术机制，其中包括技术执行委员会和气候技术中心与网络，成立绿色气候基金并指定其为公约财务机制的经营实体。[1] 坎昆气候大会成果积极但有限，谈判中的主要问题仍然悬而未决，各方在实质问题上分歧依旧。

2011年11月28日至12月11日，公约第十七次缔约方大会暨《议定书》第7次会议在南非滨海城市德班举行。德班大会涵盖了广泛的主题，达成了一系列重要成果，就《议定书》第二承诺期作出了相关安排，与《议定书》第二承诺期直接挂钩，启动了绿色气候基金，在落实《坎昆协议》和解决"巴厘路线图"未决问题方面取得了积极进展。德班授权越来越明晰地表明了对发达国家在2010年后的要求，欧盟明确表示有条件地接受《议定书》第二承诺期，[2] 美国、日本、加拿大则犹豫不决、摇摆不定。[3]

2012年召开的多哈气候大会，从法律上确定了《议定书》第二承诺期，重申第二承诺期将于2013年1月1日开始，2020年12月31日结束。美国未签署承诺书，加拿大已退出《议定书》，俄罗斯、日本、新西兰都拒绝承担第二承诺期的减排目标。签署者只有包括欧盟在内的38个缔约方。其排放量占2010年附件一缔约方排放量的35%（全球总量的14%），减排目标

---

[1] 国际可持续发展研究所（IISD）"地球谈判简报"（Earth Bulletin），"SUMMARY OF THE CANCUN CLIMATE CHANGE CONFERENCE," Last modified June 25, 2018, http://enb.iisd.org/vol12/enb12498e.html。

[2] 一是在《议定书》第二承诺期，逐步建成一个新的有法律约束力的全球协议；二是建立新的市场机制，保证《议定书》的环境完整性。

[3] 国际可持续发展研究所（IISD）"地球谈判简报"（Earth Bulletin），"SUMMARY OF THE DURBAN CLIMATE CHANGE CONFERENCE," Last modified June 25, 2018, http://enb.iisd.org/vol12/enb12534e.html。

比1990年降低18%—19%，远低于IPCC所提出的到2020年附件一缔约方整体减排25%—40%的目标。多哈气候大会确定的减排承诺缺乏力度引多方不满。①

华沙气候变化大会于2013年11月11—23日在波兰华沙举行，谈判的重点是执行前几次会议达成的协议。会议通过了一项德班平台（ADP）决定，邀请各方启动或加强国内对其国家自主贡献计划（INDC）的准备，并决定加速全面实施"巴厘路线图"和2020年之前的目标。缔约方还通过了建立"华沙损失和危害国际机制"的决定，美国、挪威和英国承诺为《REDD＋华沙框架》②提供2.8亿美元支持，但是发展中国家要求的长期资金1000亿美元的资助依然遥遥无期。此次会议日本公然"开倒车"，对2020年的减排目标进行了修订：到2020年比2005年降低3.8%。如果以1990年为基年，2020年反而要上升3.1%。③

2014年12月，联合国气候变化大会在秘鲁利马举行。大会完成华沙大会的授权任务，确定各缔约方提交国家自主贡献的范围和信息内容；初步确定"2015年协议"的基础文本，并且为提高2020年前减排力度制定工作计划进行了漫长的谈判。会议通过了"利马呼吁采取气候行动"的决定（第1／CP.20号决定），启动了2015年协议谈判，肯定了"共区原则"对"2015年协议"的实用性；提交和审查"国家自主贡献的进程"。绿色气候资金走出空壳化，但长期资金依然没有眉目。④

第二十一次联合国气候变化大会于2015年11—12月在法国巴黎召开，大会最终通过了气候变化《巴黎协定》。该协定确定了以下目标：把全球平均气温升幅限制在工业化前水平以上2℃之内，并努力将气温升幅限制

---

① 朱松丽、高翔：《从哥本哈根到巴黎——国际气候制度的变迁和发展》，清华大学出版社，2007，第207页。

② REDD表示在发展中国家通过减少砍伐森林和减缓森林退化来降低温室气体排放，"＋"的含义是增加碳汇。

③ 国际可持续发展研究所（IISD）"地球谈判简报"（Earth Bulletin），"SUMMARY OF THE WARSAW CLIMATE CHANGE CONFERENCE," Last modified June 25, 2018, http://enb.iisd.org/vol12/enb12594e.html。

④ 国际可持续发展研究所（IISD）"地球谈判简报"（Earth Bulletin），"SUMMARY OF THE LIMA CLIMATE CHANGE CONFERENCE," Last modified June 25, 2018, http://enb.iisd.org/vol12/enb12619e.html。

在工业化前水平以上1.5℃之内；提高全球适应能力，加强抵御能力和减少应对气候变化的脆弱性。《巴黎协定》的缔约方几乎囊括世界上所有的国家。就减排任务而言，它强调以"自下而上"的"自主贡献"方式，通过"自定目标—国际评估"体系来实践，区别于过往京都机制"自上而下"式规定强制减排指标的方式。[①]《巴黎协定》包括所有国家对减排和共同努力适应气候变化的承诺，并呼吁各国逐步加强承诺。该协定为发达国家提供了协助发展中国家减缓和适应气候变化的方法，同时建立了透明监测和报告各国气候目标的框架。《巴黎协定》提供了持久的框架，为未来几十年的全球努力指明了方向，即逐渐提高各国的气候目标。为了促进这一目标的实现，该协定制定了两个审查流程，每五年为一个周期。

表1-3 2005—2015年联合国气候大会时间表

会议框架		会议名称	召开时间	《公约》/《议定书》大会届数
2005—2009年长期谈判		蒙特利尔气候大会	2005年	COP11/CMP1
	围绕"巴厘授权"的谈判	内罗毕气候大会	2006年	COP12/CMP2
		巴厘气候大会	2007年	COP13/CMP3
		波兹南气候大会	2008年	COP14/CMP4
		哥本哈根气候大会	2009年	COP15/CMP5
聚焦"德班授权"谈判	过渡	坎昆气候大会	2010年	COP16/CMP6
		德班气候大会（开启"德班授权"）	2011年	COP17/CMP7
		多哈气候大会	2012年	COP18/CMP8
		华沙气候大会	2013年	COP19/CMP9
		利马气候大会	2014年	COP20/CMP10
		巴黎气候大会	2015年	COP21/CMP11

资料来源：作者自制。

---

① 赵斌：《全球气候政治的碎片化：一种制度结构》，《中国地质大学学报（社会科学版）》2018年第5期。

二、国际气候谈判的影响因素

目前国际气候谈判的趋势朝着复杂化、碎片化趋势发展。《巴黎协定》虽然参与程度最广，约束力却不如《京都议定书》，新兴大国的话语权不断增加的同时也面临被要求承担更多的减排责任的情况。从《议定书》到《巴黎协定》究竟是进步还是倒退，学者们意见尚不一致。影响国际气候治理与谈判的因素也是多元的，既有科学指导因素也有政治博弈因素，既有经济利益因素，也涉及产能、产业的升级。归纳起来大致如下。

一是科学评估既有优势同时也存在缺陷。成立于1988年的联合国政府间气候变化专门委员会（IPCC）作为政府间科学机构，是国际气候治理的重要科学合法性来源。虽然IPCC只是做与政策相关的评估，并不直接提出政策建议，但科学形成共识规律与科学机构形成共识的政治机制依然存在矛盾。[①] 一方面，学科间的差异化和文献数量庞大导致评价日益难以形成共识；另一方面，科学机构作为"认知权威"，具有以共识推动政治进程并提升其国际地位的偏好。[②] 这些缺陷使得国际气候谈判日渐复杂，虽然有些评估机制没有直接给出答案，但却具有极其明确的引导效果，甚至有弱化《京都议定书》原则的趋势，使谈判走向"自下而上"的模式。

二是由于国际政治经济的变化带来了权力的转移，这影响了各缔约方对全球气候治理中利益、责任分配的重新认识，减排责任重新洗牌的呼声高涨。世界格局总体东升西降，中国、巴西、印度、南非等新兴发展中大国的经济发展迅速，全球政治经济地位不断提高。反之欧洲、美国、日本等发达国家的经济增长减速，国内不利因素突显，各种因素交织削弱了发达国家参与气候治理的意愿和减排能力，增加了其减排的成本与代价。例如，欧盟内部分裂，难民危机、恐怖主义等问题的蔓延分散了其参与全球气候治理的精力，在一定程度上弱化了欧盟全球气候治理领导者的地位。美国忙于应对恐怖主义，致力于复兴美国的战略，更希望把减排的责任分摊给新兴发展中国家。日本则由于政权反复更替分散了国内参与全球气候

---

① 董亮:《科学与政治之间：大规模政府间气候评估及其缺陷》,《中国人口·资源与环境》2018年第7期。

② 同上。

治理的力量，东日本大地震引发的福岛核事故更加严重阻碍了日本的经济发展，打击了日本的减排决心，使之放弃了减排25%的目标。"77国集团+中国"、基础四国在谈判中被要求承担更多的责任，"自上而下"的减排承诺逐步向"自下而上"的自主贡献模式发展，形成了《巴黎协定》的减排模式雏形。

三是低碳环保技术的发展与进步。近三十年来，光热技术、光电技术、风能、地热能、潮汐能等技术发展迅速。[①] 例如，2014年全球风力发电占全球供电总量的2.9%，光伏发电满足了全球用电1%的需求。[②] 而核电依然是低碳发电的重要支撑，目前除德国坚持弃核之外，美国、加拿大和一些欧盟国家对核发电依然持乐观态度，即使是经历福岛事故的日本也没有完全放弃核电这一减排的有利途径。总体来看，发电成本大幅度降低，各国几乎都把支持可再生能源作为国家战略或计划并采取了一系列激励措施。除此之外，虽然大规模实施的可行性、普及性仍尚待考量，一些新技术也逐渐兴起并不断发展，为减排技术注入新的力量，如页岩气技术、生物质能+碳捕集与封存技术（BECCS）、[③] 氢能源技术。[④] 虽然可再生能源和新型减排技术的出现是减缓气候变化的有力工具，其中的技术和经济利益更是为一些缔约方带来极大的减排信心和动力，然而相对于2℃的减排目标，目前的节能技术和科学水平依然亟待提高。在保证减排目标的道路上，各缔约方依然需要加强合作、责任共享。

四是全球温室气体减排格局发生了变化。与《公约》达成之初相比，当今世界的温室气体排放格局截然不同。1970年附件一缔约方（40个国家）的排放总量是非附件一缔约方（150多个国家）的1.33倍，1990年左右两集团的排放量基本持平。根据UNFCCC的统计，2012年非附件一缔约方的排放总量几乎是附件一缔约方的两倍。中国2012年的温室气体排放总量为

---

① 王文涛、滕飞、朱松丽等：《中国应对全球气候治理的绿色发展战略新思考》，《中国人口·资源与环境》2018年第7期。

② 朱松丽、高翔：《从哥本哈根到巴黎——国际气候制度的变迁和发展》，第82页。

③ Smith P., Davis S. J., Creutzig F., et al. "Biophysical and Economic Limits to Negative CO$_2$ Emissions," *Nature Climate Change*, 2016, Vol. 6, No.1, pp.42-50.

④ 梁慧：《日本氢能源技术发展战略及启示》，《国际石油经济》2016年第8期。

104.71亿tCO$_2$-eq，[①] 人均排放量为7.73tCO$_2$-eq；美国的总排放量为64.12亿tCO$_2$-eq，人均排放量为20.43tCO$_2$-eq；欧盟的排放总值和人均值分别为45.36亿tCO$_2$-eq和8.99tCO$_2$-eq。可以看出，虽然中国的排放总量高于美国和欧盟，但是人均排放量却远远低于美国和欧盟。在气候谈判中附件一缔约方要求以中国为主的新兴发展中国家（集团）承担起更多的减排责任，并强调"不断变化的"责任和能力，而非附件一缔约方中的新兴发展中国家（集团）则强调历史责任、人均减排。双方各有立场、各执说辞，因此《巴黎协定》中的"自下而上＋自主贡献"的减排模式从一定程度上来看，是双方妥协的产物。

《巴黎协定》参与度最广，达成最快，扩大了减排成员的范围并增强了各缔约方减排的决心，其历史贡献是值得肯定的。在具体内容上，《巴黎协定》做到了微妙的平衡。每个缔约方都得到了自己想要的部分，但却不是全部。尽管《巴黎协定》比起《京都议定书》，法律约束力有所减弱，但该协定是现阶段各国、各缔约方最好的妥协结果与妥协选择。《巴黎协定》如何实施、规则如何细化、责任如何分配、目标能否实现依然具有很大的不确定性。国际社会须共同努力承担起这一人类的历史任务。

本章小结

本章主要为后续的内容做了背景梳理，简单介绍了全球气候治理的主要国际条约——《联合国气候变化框架公约》《京都议定书》《巴黎协定》，主要的参与国家、利益集团与组织机构，以及联合国气候大会这一本书考察的主要依据机制。梳理全球气候治理的"大背景"对于研究各种气候外交问题都有所助益。日本也是在这套国际机制及体系中参与国际气候事务的。

---

① CO$_2$-eq是二氧化碳排放当量计算值。不同温室气体对地球温室效应的占比程度不同。联合国政府间气候变化专门委员会第四次评估报告指出，在温室气体的总增温效应中，二氧化碳（CO$_2$）约占63%，甲烷（CH$_4$）约占18%，氧化亚氮（N$_2$O）约占6%，其他约占13%。为统一度量整体温室效应的结果，需要一种能够比较不同温室气体排放的量度单位，由于CO$_2$增温效应的占比最大，因此，规定二氧化碳当量为度量温室效应的基本单位。

第二章　日本参与全球气候治理的进程

对于"硬实力"不强的国家来说，对国际环境的贡献等可以增加其"软实力"。[①] 日本在20世纪80年代就认识到了气候外交的重要性，力求通过参与全球气候治理——这一非敏感国际事务树立大国形象，掌握在国际社会的话语权，谋求与经济大国相符合的政治地位。日本在参与全球治理的过程中是否展示了其领导力，获得了其盼望已久的"大国"权力？本章试图分阶段描述日本参与全球气候治理的情况，从而分析日本参与气候治理的进程。

第一节　从气候问题出现到《京都议定书》生效（20世纪80年代至2005年）[②]

本节主要介绍日本从参与全球气候治理初期到《议定书》生效期间的参与过程。在这一过程中，日本积极平衡欧盟与美国的减排利益。除此之外，日本还参与两个重要的机制，即亚太环境会议和环境官方发展援助。这两个机制虽然不完全是与气候变化相关的内容，但在很大程度上反映出日本在国际环境事务中的参与程度、参与意愿和参与能力。

一、日本应对气候变化问题初期——由积极应对到徘徊交涉

本书导论部分已经介绍了日本参与全球气候治理态度转变的一波三折。从日本参与全球气候治理初期的积极态度到批准《京都议定书》之时

---

① Nye Joseph, *Soft Power: The Means to Success in World Politics* (New York: Public Affairs, 2004), pp.1-30.

② 为了章节连贯和文意清晰，本节会介绍部分2005年之后的内容。

的踌躇徘徊，正是其参与气候治理的第一次态度转变。

（一）认识到气候问题是国际政治问题

日本在参与全球气候治理初期逐渐意识到气候问题是国际政治问题，因此其表现出了较强的积极性。20世纪80年代末至90年代，国际社会对气候变化越来越关注。IPCC第一次评估报告完成于1990年8月，这份报告以科学为依据证实了气候变化的发生，从而促进了应对气候变化的国际合作，并推动了1992年《联合国气候变化框架公约》的制定。[1] 1988年6月，全球气候变化会议在加拿大多伦多举行，大会呼吁所有发达国家到2005年将其二氧化碳排放量从1987年的水平减少20%。

七国集团峰会也基本于同一时间在多伦多举行。在多伦多七国集团峰会上，与会首脑不仅讨论了政治和经济问题，还讨论了对全球环境日益恶化的担忧。当时日本首相竹下登参加了七国集团峰会。作为日本的政治领导者，他意识到了气候变化的重要性。日本政府于1989年5月成立了全球环境保护相关的部长理事会。理事会一般处理全球环境问题，但气候变化被认为是最紧迫的议题，因为它与能源使用直接相关，会对日本经济产生重大影响。[2]

1989年11月的诺德威克"大气污染和气候变化"环境部长级会议是第一次气候变化部长级会议，来自约70个国家的环境部长参加了此次会议。会议宣言要求其签字国"最晚到2000年将二氧化碳排放稳定在IPCC拟提交给第二届世界气候大会的初步报告中所确定的水平上"。它是第一次有众多的高层政治代表参加的国际气候会议。[3] 当时日本的报纸头条出现了反对诺德威克会议的减排目标的新闻，出席诺德威克会议的政府官员受到来自国会议员的压力，被要求重新考虑日本的立场。但还有一些国会议员逐渐意识到日本政府在全球环境问题上的消极反应，呼吁日本应率先解决全球环境问题。[4]

---

[1] 张庆阳：《国际社会应对气候变化发展动向综述》，《中外能源》2015年第8期。

[2] Yasuko Kameyama, *Climate Change Policy in Japan, from the 1980s to 2015* (New York: Routledge, 2016), pp.28-29.

[3] 马建英：《从科学到政治：全球气候变化问题的政治化》，《国际论坛》2012年第6期。

[4] Hiroshi Ohta, "Japanese Environmental Foreign Policy," in *Japanese Foreign Policy Today*, eds. Takashi Inoguchi and Purnendra Jain (New York: Palgrave, 2000), pp.96-121.

（二）在美国与欧盟间徘徊

在1990年12月，联合国全体会议通过了"为当前和未来世代保护全球气候"决议，在接下来的18个月的政府间气候变化谈判期间，日本基本上赞成对所有主要工业化国家都统一的公约。日本特别认为美国是接受该协议的最重要国家，因为它二氧化碳排放量就占全球的近四分之一。[①]在1991年6月在日内瓦举行的第二次政府间谈判委员会上（INC2），日本为了平衡美国与欧盟的利益，提出了"承诺和审查"（Pledge and Review）程序。这一程序基本规定是：每个国家都将承诺制定一套国家战略和应对措施，以限制温室气体排放，并确定通过使用这些战略预期实现的排放目标。一个国家在履行其承诺方面的进展将由国际专家小组定期评估。排放目标本身不具有法律约束力，因此如果没有达到目标则不会受到惩罚。[②]

在《议定书》达成之前的谈判中，欧盟一直制定严格减排标准，并处于领导地位。当前全球气候治理领域中一些耳熟能详的标准和规范，如"1990基准年""2℃警戒线""2020峰值年/转折年""低碳经济""碳交易机制"与"全球碳市场"等，都出自欧盟。[③]1997年3月，欧盟成员国同意他们共同的谈判立场："附件一缔约方应在2010年以前将三种温室气体（即CO_2、CH_4和N_2O）从1990年的水平减少15%。"欧盟坚持认为，所有附件一缔约方应承诺同样的减排率15%，并表示很难达成关于区分标准的协议。此外，欧盟最初反对使用排放权交易，这有两个原因：一是认为大多数减排工作应该在国内完成；二是认为其在建立全球贸易机制的过程中为时尚早。然而，在柏林授权特设小组第八次会议（AGBM8）会议期间，[④]欧盟对排放交易的立场变得更加灵活，主要是因为美国在这一点上施加了强大的压力。与此同时，发展中国家强烈反对排放权交易，因为他们认为这种机制将成为发达国家购买发展中国家排放许可的漏洞。

1997年7月，美国参议院以95：0的投票结果通过了第98号决议

---

① Yasuko Kameyama, *Climate Change Policy in Japan, from the 1980s to 2015* (New York: Routledge, 2016), pp.35-37.

② 赤尾信敏、『地球は訴える—体験の環境外交論』、東京：世界の動き社、1993、第274-284頁。

③ 马建英：《从科学到政治：全球气候变化问题的政治化》，《国际论坛》2012年第6期。

④ 1995—1997年期间，特设小组举行了八次会议。

（Byrd-Hagel决议）。尽管该决议具有非约束性，但它规定美国不在COP3
签署任何协议，该决议也没有对发展中国家和工业化国家作出承诺。美国
虽然不支持欧盟的统一化标准，但也并未认可日本、澳大利亚等国的差异
化减排目标。美国强烈要求发展中国家，特别是新兴经济大国参与到具有
法律标准的减排任务中。AGBM8于1997年10月举行，在AGBM8会议召
开前，美国总统克林顿邀请了行业代表、科学家和环保团体参加白宫气候
变化会议。根据本次会议的讨论情况，美国在AGBM8会议开幕当天宣布
了量化减排承诺（Quantified Emission Limitation and Reduction Objectives,
QELRO）的提案：提议在2008年至2012年之间的某个时间内将温室气体
净排放量稳定在1990年的水平。该提案规定了某些先决条件，包括排放交
易系统的特许权，各国可以使用排放权交易和联合执行计划。[1]

　　日本政府或行业团体对于与排放权交易有关的问题几乎保持沉默。因
为使用灵活性机制对日本等国家有利，它可以使实现具体的减排目标成本
降低。另外，日本可以利用这些机制来避免任何实际减排，因为它可以通
过从国外购买排放许可来实现其减排目标。日本坚持认为，占附件一国家
三分之一以上温室气体排放的美国必须是该议定书的缔约方。因此，日本
坚持《议定书》生效应与美国的参与挂钩，欧盟也支持日本的意见。为了
让美国参与其中，日本优先考虑美国参与《议定书》的保证，以至于它开
始更多地关注美国的立场，而不是自己的立场。

　　日本强烈强调：（1）本国已经是最节能的国家之一；（2）与其他工业
化国家相比，本国的人均和国内生产总值排放量相对较低。日本认为，其
2000年以后的减排目标与其他附件一国家相比应当不那么严格。日本还坚
持认为，将基准年定为1990年对于日本等在20世纪70年代后期在提高能
源效率方面取得重大进展的国家来说是不公平的。日本谈判代表声称，自
1990年以来，德国和英国的温室气体减排部分归功于民主德国和联邦德国
的统一以及英国从主要依赖煤炭到主要依赖天然气的转变，并认为这两种

---

　　[1]　Yasuko Kameyama, *Climate Change Policy in Japan, from the 1980s to 2015* (New York: Routledge, 2016), pp.63-71.

情况都与气候政策没什么关系。[①]

尽管日本和其他许多国家在通过《马拉喀什协定》后批准了《京都议定书》，但《京都议定书》是否会生效仍然尚不确定。日本于2002年6月4日批准了《京都议定书》，然而国内的排放量，特别是住宅、商业和运输部门的排放量仍然在增加。很明显，日本需要采取额外措施才能实现6%的减排目标，但政府的立场是"观望"《京都议定书》是否真正生效。

二、日本主导亚太环境会议——领导力的体现

亚太地区的人口占世界的一半以上，20世纪后期东亚、东南亚经济呈较快增长趋势，对资源和贸易的依存度也不断提高。但与此同时，自然环境因经济的发展而受到不同程度的破坏，且应对措施和技术都相对不成熟。日本作为亚洲的发达国家，经济发展相对成熟，环保技术相对发达，且在应对环境公害治理方面也有比较成功的经验。20世纪末，日本在世界上有了一定的经济地位，开始谋求国际政治地位，力图在参与国际事务方面有所作为。[②]因此日本希望通过在环境治理方面发挥领导力和大国主导作用，并希望通过推广本国多年的环保经验和对策来加强与亚太地区其他国家的合作。日本通过主办亚太环境会议，向亚太地区推广日本的环保理念和技术，实现了成为环境治理大国的抱负。由于环境问题不属于传统安全和传统政治的范畴，敏感度较低，因此日本在亚太地区的环境保护贡献取得了比较好的效果。

1991年开始，日本环境厅（后升级为环境省）主办了第1届亚太环境会议（ECO ASIA）。此后几乎每年都召开1届会议，亚太地区的各国环境部长、相关官员、商业领袖、学者和国际组织专员及非政府组织都会参加。会议最后一次召开是在2008年，亚太环境会议一共召开了16届，大致内容如表2-1所示（由于1992年联合国环境发展大会的召开，当年没有

---

① Yasuko Kameyama, *Climate Change Policy in Japan, from the 1980s to 2015* (New York: Routledge, 2016), pp.24-44.
② 吕耀东：《试析日本的环境外交理念及取向——以亚太环境会议机制为中心》，《日本学刊》2008年第2期。

举办亚太环境会议），其发展历程大致分为三个阶段。[①]

第一个阶段是从1991年的第1届会议到1996年的第5届会议。这段时间日本确定了在亚太地区的环境主导地位，明确了区域环境的理念——亚太可持续发展，并确定了各国家、政府间的基本合作模式。第二阶段是从1997年的第6届会议到2000年的第9届会议。这段时间《公约》缔约方大会的谈判进入关键时期，《京都议定书》的通过使日本在参与全球气候治理方面更有信心。日本将落实《京都议定书》及温室气体减排等内容纳入亚太环境会议。日本开始更有雄心地展开国际环境外交，积极宣传本国的环境理念和政策，努力协调区域共识，争取在国际社会中争取更多的话语权。同时日本扩大会议规模，邀请联合国机构、国际组织的相关负责人参加会议，在深化区域合作的基础上尽最大可能把亚太环境会议变成一个区域性的多边合作机制，以环境议题为主提高日本在国际事务中的影响力。第三阶段是2001年第10届会议之后。这一阶段的主要目标是加强亚太地区的环境教育，推广日本先进的节能环保技术。从会议内容和召开方式来看，2001年之后的亚太环境会议更加突出会议主题，每年都会集中讨论一个具体环境问题，力求深化区域环境合作，完善会议机制。[②]

表2-1 亚太环境会议时间与内容

召开时间/届数	会议地点	会议主题	主要内容
1991年/1	东京	新的国际合作机制，生态工业革命。	发表了《亚太环境会议声明》；推动建立新的区域环境合作机制；提出了生态工业革命的发展理念。
1993年/2	千叶	亚太地区环境与发展的未来展望·与环境发展大会保持一致努力。	建议设立涵盖亚太地区所有国家的环境状况数据库和废弃物循环利用、处理、处置的亚太网络；决定定期召开亚太环境会议和环境部长级会议等高级别会议。

---

① 吕耀东：《试析日本的环境外交理念及取向——以亚太环境会议机制为中心》。
② 李娜：《日本区域环境外交研究——以亚太环境会议为例》，硕士学位论文，山西大学，2011。

续表

召开时间／届数	会议地点	会议主题	主要内容
1994年／3	埼玉	围绕可持续发展的国际趋势，亚太地区致力于环发大会的职责，制定"亚太地区环境与发展长期展望计划"。	协调经济、社会和政治发展的关系；资金和技术的创新；实现可持续发展的全球伙伴关系。
1995年／4	静冈	可持续发展的合作，都市、环境情报网络，长期展望。	在肯定"亚太地区环境与发展长期展望计划"的基础上，开展土地退化、酸沉降等特殊领域的各种子计划；再次强调区域合作。
1996年／5	群马	亚太地区可持续发展、环境合作的未来方向。	提出建立"全球环境战略国际研究所"；敦促"亚洲及太平洋环境信息网络计划"和"东亚地区酸沉降监测网络"项目的实施。
1997年／6	神户	亚太地区的可持续发展、全球气候变暖的对策以及关于COP3的合作。	以日本环境厅长官石井美智子女士的名义发表了《亚太地区关于可持续发展和气候保护的主席特别呼吁》，针对COP3的谈判提出了一些建议：1. 建议发达国家缔约国应加紧努力，履行自己的承诺；2. 发展中国家缔约国也应努力执行气候变化框架公约的承诺；3. 发达国家缔约国应加强同发展中国家缔约国在应对气候变化问题上的合作。
1998年／7	仙台	评估区域合作项目的进展；关于COP4的共同努力；为2002年举办的联合国"可持续发展世界首脑会议"（RIO+10）提供引导。	会议提议扩大区域联系与合作，在全球环境外交中发挥更大作用。
1999年／8	札幌	对气候变化、区域问题、"RIO+10"的贡献。	探讨亚太环境会议的长远发展规划；促使《议定书》早日生效；针对亚太环境会议已经开展的多边区域合作项目制定具体行动方案。

召开时间/届数	会议地点	会议主题	主要内容
2000年/9	北九州	促进"RIO+10"和COP6的成功召开。	讨论如何加强发展中国家和发达国家之间的伙伴关系及亚太地区可持续发展的战略规划;如何高效地利用有限的资源来达成"RIO+10"。
2001年/10	东京	亚太环境开发的报告以及未来应对气候变化的行动。	成立了两个重要项目:"亚太环境与发展论坛"(APFED)和"亚太地区环境革新战略计划"(APEIs);通过了"亚太环境与发展长期展望计划"第二阶段的最终报告。
2003年/11	神奈川	构建循环型社会,促进可持续发展。	讨论了一年来亚太地区为"RIO+10"作出的努力,以及今后的建议。
2004年/12	鸟取	评价并讨论环境教育、可持续发展工作与部长会议成果。	会议听取了"亚太环境革新战略计划"下设的三个项目——综合环境监察、综合环境评估、创新研究和战略政策选择所取得的成果;并把环境教育作为重要课题。
2005年/13	岐阜	总结《京都议定书》的经验和汇报现有成果。	日本政府提出在亚太地区建设物质循环社会,改善本地区的经济发展现状;强调了各个国家和地区广泛合作的意义。
2006年/14	埼玉	鼓励民众环保行为、促进社区环境保护和推动亚太国家合作。	激发民众环保行为;促进各国的环境交流与合作;提议亚太国家在信息、技术和人力资源开发领域扩大合作。
2007年/15	福冈	亚太地区应对全球性环境问题的对应措施。	围绕废物回收利用与管理和气候变化两个议题进行了讨论;介绍了"Cool Earth 50"(清凉地球)计划和以亚洲国家为中心建立国际循环型社会;提出一个2012年的行动框架,使所有国家都参与应对气候变化。
2008年/16	名古屋	生物多样性保护。	提议构筑生物多样性变化监控系统,世界银行和八国集团成员国设立保护生物多样性基金等。

资料来源:作者根据 https://www.ecoasia.org/ 自制。

关于ECO ASIA这一机制起到的作用，需要从两方面来看待。从积极的方面来说，该机制说明日本政府或者至少是环境省准备在亚太地区发挥影响力，试图达成亚洲区域关于环境保护的共识。此外，ECO ASIA显然被日本利用作为开展合作项目的平台，从长远来看，这可能是提高亚太国家对环境问题认识的重要机制，也是促进亚太各国更加进步的政策行动。不太积极的方面是，ECO ASIA几乎没有实际产生任何进步或者是有影响力的协议，更没有任何实质的法律约束力。[①]

三、环境援助——由援助到合作、竞争

环境援助是特殊的国际经济与政治现象。[②]日本政府在国际和国内层面都大力宣扬环境外交战略。[③]20世纪90年代初起，环境ODA就已经成为日本经济外交战略中最重要的途径之一。[④]日本政府十分重视环境外交，日本在1992年颁布的《ODA大纲》中，就明确了环境与开发相结合为首要原则。有关环境援助的具体表述大致如下：发达国家和发展中国家应共同致力于保护环境的全人类课题。要以保护环境为目标，致力于推动全球规模的可持续发展。[⑤]1986—2011年，日本环境ODA发展迅猛，累计近九万亿日元。环境援助在日本政府开发援助总额不断减少的情况下仍保持增长态势，由1986年在日本ODA总额中占4.2%上升到2010年占47.8%。[⑥]

日本抓住了1992年环发大会促进环境发展和关注气候变化的历史潮流，其环境援助的势头随着世界环境与发展大会的召开更加强劲，[⑦]对"共同但有区别的责任"的会议精神积极响应。在此次会议上日本承诺：在五年之内日本的环境ODA金额将增加到每年9000亿日元至10000亿日元，

① Jeff Graham, "Japan's Regional Environmental Leadership," *Asian Studies Review*, Vol.28, No.3, 2004, pp.283-302.

② 屈彩云：《经济政治化：日本环境援助的战略性推进、诉求及效应》，《日本学刊》2013年第6期。

③ David Potter, "Assessing Japan Environmental Aid Policy," *Pacific Affairs,* Vol. 67, No.2, 1994.

④ Monir Hossain Moni, "Why Japan's Development Aid Matters Most for Dealing with Global Environmental Problems," *Asia-Pacific Review,* Vol. 16, No.1, 2009.

⑤ 周永生：《日本政府开发援助与对华经援的结束》，《国际论坛》2007年第6期。

⑥ 日本《ODA白皮书》，2011年。

⑦ 宫笠俐：《战后日本对华环境援助简析》，《东北亚学刊》2014年第3期。

内容包括环境方面的无偿援助，贷款、技术合作和多边援助，其中多以日元贷款为主。[1] 1997年6月23—27日 "联合国环境开发特别会议" 在东京召开。时任日本首相桥本龙太郎在会上提出了 "面向21世纪的环境开发支援构想"（Initiative for Sustainable Development towards the 21st Century，ISD），这是一个以ODA为核心的中长期的环境援助构想。该构想表明日本政府对环境ODA更加重视。[2]

日本立足亚洲、重视非洲、兼顾拉美，从区域层次拓展环境援助的战略空间。[3] 以对中国为例：日本对华援助的对象领域多种多样，包括环境领域和基础设施建设等领域；援助方式和主体也由国家至科研机构、非政府组织/非营利组织。近年来日本对华的有偿环境援助项目更多地关注对于中国的东北、西北、西南等相对偏远地区水环境的综合治理，[4] 通过开展对城市污水处理设施的建设来提高受援城市的污水处理能力，从而减少污水对城市的水质污染，改善城市居民的用水质量。[5] 此外日本还在环境技术方面对中国进行援助，主要方式是先设立实验城市（一般选取大城市作为试点），然后通过政策循环和渗透扩展到其他城市。技术援助也是日本对华环境援助的重点，日本向中国派遣专家进行技术指导与交流的同时，也接收中国技术人员赴日本进修学习。中日两国还开展了气候变化与公众参与能力建设项目，这些项目提高了中国公众参与气候变化治理的意识，提高了中国应对气候变化的能力，同时促进中日两国以环境为出发点的各方面的交流与合作。

日本非政府的对华环境合作从实施主体看主要分为五种方式：一是由公益法人主持的环保合作项目，如1998—2000年的万里长城森林再生计划，1993年开始实施的中日环境合作论坛，对样板城市抚顺、阳泉等进行

---

① Ministry of Foreign Affairs, *Japan's ODA 1992Annual Report* (Tokyo: Association for Promotion of International Cooperation, 1993), pp.36-37.

② 太田宏：「日本の環境外交の形成過程とその概要」，『青山学院大学総合研究所国際政治経済研究センター研究叢書』2002、第5頁。

③ 屈彩云：《经济政治化：日本环境援助的战略性推进、诉求及效应》，《日本学刊》2013年第6期。

④ 宫笠俐：《战后日本对华环境援助简析》，《东北亚学刊》2014年第3期。

⑤ 同上。

的大气污染调查；二是由经济团体组织的环保合作项目，如成立"中日环境产业合作会议"；三是民间企业进行的环保合作项目，主要以清洁发展机制（Clean Development Mechanism，CDM）为依托开展，如丸红公司等日本企业联合与浙江省化工企业合作进行的CDM项目；四是通过基金团体开展的援助项目，如丰田财团等基金团体每年都会专门资助对华环境保护合作项目；五是其他各种非政府组织以及民间团体进行的环保合作项目，如内蒙古科尔沁沙漠的防沙绿化项目，该项目不仅促进了当地的防沙绿化事业，还设立了"中日环境教育实践普及中心"加强对青少年的环境保护教育，为可持续治理模式培养人才。自2000年以来，日本在中国实施的沙漠改造、植树造林、水治理以及城市总体环境改善等都效果显著。①

2008年以来，中日两国的环境外交随着高层领导人的互访再次上升到新高度，日本政府开启对华环境保护合作的新计划：在中国各地设立推进日本环保技术的"节能与环境合作咨询中心"，并计划在三年内培训10000名相关的环保技术人才。②2007年12月举行的第一次中日经济高层对话中，双方都十分重视加强环境领域的合作。2008年日本全面停止对华新贷款以来，中日两国开始积极探索"后ODA"时代的政府间合作，双方由以往的"单方面援助"走向"双向合作"与"互利共赢"。③2008年5月7日，胡锦涛主席和福田康夫首相签订了《中日关于全面推进战略互惠关系的联合声明》。声明指出，在能源和环境领域开展合作是两国对子孙后代和国际社会的义务，要加强相关领域的合作。④

2015年以来，中日在推动防灾合作、防治环境污染、应对老龄化社会等方面加强合作，并以共建"一带一路"为依托，在沿线国家加强清洁能源的利用和开发，推动太阳能发电站和风力发电站的建设和运营。中日民间企业共同参与共建"一带一路"国家工业园区等基础设施建设，实现了

---

① 沈海涛，赵毅博：《日本对华环境外交：构建战略互惠关系的新支柱》，《东北亚论坛》2008年第5期。

② 赵旭梅：《中日环保合作的市场化运作模式探析》，《东北亚论坛》2007年第6期。

③ 常思纯：《日本对华官方开发援助40年回顾与展望》，《东北亚学刊》2018年第4期。

④ 中国政府网：《中日关于全面推进战略互惠关系的联合声明（全文）》，2008年5月7日，http://www.gov.cn/jrzg/2008-05/07/content_964157.htm，访问日期：2018年11月20日。

产业优化与合作共赢。①

日本对东盟国家也积极展开包括环境ODA在内的环境合作。由于受资源型经济、地理位置、人口贫困等制约因素的影响，东盟国家受气候变化、环境污染的影响相对较大，因此其与日本展开环境合作的意愿比较强烈。日本对东盟国家的环境外交以非约束原则为指导，既具有灵活性和多元化，也比较有针对性，形成了灵活的环境合作和激励机制，这符合东盟的习惯与利益。②日本对东盟的环境外交已经成为地区整体战略中的重要一环。③

以亚洲地区为目标的同时，日本也逐渐增加对非洲、拉美的环境外交，以提高在环境方面的国际影响力。在2003年的《白皮书》中，日本提出"在重视以亚洲为重点援助区域的同时，决不能轻视对其他区域的援助"。④ 2008年，日非签署"非洲应对气候变化伙伴关系联合框架"协议。2011年提出"非洲绿色成长战略"，日非进一步展开环境合作。日本一步步增加对非的援助步伐，日本时任官房长官菅义伟在2013年的记者会上说："非洲是今后极为重要的地区。日本将努力和非洲建立友谊、开展经济合作。"⑤

第二节 《京都议定书》生效至东日本大地震
（2005—2011年）

《京都议定书》于2005年生效，当时日本的减排目标也具有法律约束力。与此同时，日本已开始将注意力转向2012年后的制度，所有主要温室

① 「"一带一路"日中の企业支援 沿線国開発に資金」、『読売新聞』2017年11月28日。
② 董亮:《日本对东盟的环境外交》,《东南亚研究》2017年第2期。
③ Masaru Tanaka, Shigeatsu Hatakeyama, 2016, "Towards Reframing the Spirit of ASEAN Environmentalism: Insights from Japan's COHHO Experience and Studies," Economic Research Institute for ASEAN and East Asia, Last modified June 25, 2018, https://ideas.repec.org/p/era/wpaper/dp-2016-05.html.
④ 外務省『政府開発援助（白書）』、国立印刷局、2003年、181頁，转引自屈彩云:《经济政治化:日本环境援助的战略性推进、诉求及效应》。
⑤ 张阳:《日官房长官称将努力发展非洲外交不输给中国》，环球网：2013年3月27日，http://world.huanqiu.com/exclusive/2013-03/3773463.html?agt=15438，访问日期：2018年11月20日。

气体（GHG）排放者都将参与其中。同时，联合国以外的机制也在促进应对气候变化的进程，例如八国集团会议。

一、《京都议定书》生效

日本政府于2005年4月公布了"京都议定书目标达成计划"，对实现京都议定书的目标提出了分类指标：来自能源的二氧化碳排放量增加0.6%，来自非能源的气体排放量减少1.2%，氟化等三种气体排放量增加0.1%，通过森林等的碳吸收汇减少气体排放量3.9%，通过CDM项目从国外获得减少气体排放量1.6%，合计减少温室气体排放6%。该计划连同修订后的准则为国家一级减缓气候变化提供了一系列计划措施。[①]

《议定书》生效后，日本提出一系列应对气候变化的能源政策。2006年的《新能源战略》提出实施节能领先计划、下一代运输能源计划、新能源创新计划及核能立国计划等四个计划，建立世界最先进的能源供需结构；全面加强资源外交与能源环境合作；强化应急能力；制定能源技术战略，使日本在节能等能源技术相关领域成为世界的领跑者。2007年的《21世纪环境立国战略》是以"美丽星球50"倡议为核心制定的，目标是确保完成《京都议定书》第一期6%的减排任务，具体列举了一系列追加措施：将自主减排运动扩展到服务业，并进一步提高制造业的自主减排指标，开发、普及节能型汽车，改善交通物流以促进减排；促进住宅、建筑物节能，普及节能家电；发展核能，降低发电领域的温室气体排放强度；加快新能源及改革商业模式、生活模式；开展全民减排运动；等等。《凉爽地球能源创新技术计划》选定发电、运输、产业、民生及跨领域技术等方面的20项可大幅削减温室气体排放量的创新技术，并将采取相应的立法措施或预算扶持政策等方式予以支持。为此，未来十年日本将投入约1万亿日元的技术开发经费。2008年《低碳社会行动计划》提出了建设低碳社会的中长期目标和行动计划，提出未来3到5年内将家庭用太阳能发电系统的成本减少一半，大力推进碳捕集与封存技术（Carbon Dioxide Capture and Storage，

---

① 上海图书馆情报服务平台:《京都议定书目标达成计划》，2007年5月9日，http://www.istis.sh.cn/zt/list/pub/jnhb/JST/zhengzhi/1178677853d66.html，访问日期：2018年11月20日。

CCS)的开发,2020年前大幅提高电动汽车等新一代节能环保汽车的普及程度,并在日本建立半小时即可完成汽车充电的快速充电设施等多项关于减少温室气体排放的具体措施。① 环境省开始实施减少温室气体排放的措施,其中一项行动是"酷商务"(Cool Biz),这项活动鼓励将空调设置在恒温28℃,鼓励日本的上班族在炎热的夏天穿着轻便的衣服,因为日本公司职员的习惯是着正装,即使夏天也要如此。

COP12 / CMP2于2006年11月在肯尼亚内罗毕举行。日本对《京都议定书》第9条表示关心,其内容是:

> 1. 作为本议定书缔约方会议的《公约》缔约方会议,应参照可以得到的关于气候变化及其影响的最佳科学信息和评估,以及相关的技术、社会和经济信息,定期审评本议定书。
>
> 这些审评应同依《公约》,特别是《公约》第4条第2款(d)项和第7条第2款(a)项所要求的那些相关审评进行协调。在这些审评的基础上,作为本议定书缔约方会议的《公约》缔约方会议应采取适当行动。
>
> 2. 第一次审评应在作为本议定书缔约方会议的《公约》缔约方会议第二届会议上进行,进一步的审评应定期适时进行。

日本希望定期审评《议定书》,因为这是展开减排承诺谈判的唯一途径,然而这受到了非附件一缔约方的反对,非附件一缔约方认为这种审查不应成为任何新的谈判阶段的一部分,为发达国家制定减排目标是《议定书》的使命。②

二、八国集团洞爷湖峰会

安倍晋三在2007年1月16日的演讲中,提到了一项旨在实现《京都

---

① 孟浩、陈颖健:《日本能源与CO₂排放现状、应对气候变化的对策及其启示》,《中国软科学》2012年第9期。

② Yasuko Kameyama, *Climate Change Policy in Japan, from the 1980s to 2015* (New York: Routledge, 2016), pp.99-100.

议定书》目标并向发展中国家提供支持的计划。在发表讲话之前，安倍曾访问过欧洲国家，以争取他们对朝鲜绑架日本国民事件的理解。虽然他的目的只是谈论朝鲜，但欧盟委员会和他访问的各个国家都更有兴趣解释欧盟提出的一揽子气候和能源政策。安倍首相最终意识到了气候问题的重要性。安倍在2007年5月24日提出了"美丽星球50"（美しい星50）的主题倡议，目标是在2050年前促成世界温室气体的排放量减少50%。安倍表示，《京都议定书》存在一定局限性，世界需要一个新的行动框架，让每个国家都加入到温室气体减排的行动中来。日本方面希望这一协议在《京都议定书》2012年到期之后，于2013年开始生效。① 安倍的"美丽星球50"受到了环境省、外务省及各环境非政府组织的支持。

"美丽星球50"有三个支柱。

第一个支柱是"实现2050年减少目前世界排放量一半"这一长期目标并实现"低碳社会"和"创新技术"，这也是长期愿景的目标提议。

第二个支柱是2013年后建立应对预防全球气候变暖的国际框架三项原则提案：第一是所有的温室气体主要排放国都必须加入；第二是该框架必须是灵活的，按照每个国家的具体情况提出不同要求；第三是保证环境保护与经济发展不发生冲突。

第三个支柱是努力扩大全国运动，以确保顺利实现日本的《京都议定书》目标。②

自2005年以来，气候变化一直是八国集团的一个中心议题。日本外务省在2008年举行的洞爷湖峰会中发挥核心作用，主持峰会的日本首相也展示了他在气候变化问题上的大国地位。本次峰会讨论了气候变化、非洲发展、世界经济、能源和粮食安全等领域的热点问题。日本作为主席国充分掌握本次峰会的话语权，突出"全球气候变化对策"等主要议题。③ 福田康夫是安倍的继任者，2008年6月9日，福田首相发表了日本有关应对气候

---

① 程艳：《日本在悉尼推销"美丽星球"计划》，新浪网，2007年9月5日，http://news.sina.com.cn/w/2007-09-05/024212509287s.shtml，访问日期：2018年12月20日。

② 首相官邸："美しい星へのいざない「Invitation to Cool Earth 50」"，2007年，http://www.kantei.go.jp/jp/singi/ondanka/2007/0524inv/siryou2.pdf，访问日期：2018年12月20日。

③ 吕耀东：《洞爷湖八国峰会与日本外交战略意图》，《日本学刊》2008年第6期。

变化及减排的"福田愿景",目标是:2050年比现在(2008年)的二氧化碳排放减少60%—80%。经过各部门的讨论之后,次年宣布日本的国家总目标:向发展中国家捐款12亿美元。[①]

洞爷湖峰会于2008年7月举行,会议讨论了全球变暖问题。福田首相和外务省积极鼓励参与讨论并就应对全球变暖的措施作出决定。在洞爷湖峰会上,日本认识到2050年前温室气体排放量减半的长期目标是八国集团的重点关注方向。八国表示将寻求与《公约》的其他缔约方共同达成2050年全球温室气体排放量减少50%的长期目标。[②]但美国不愿意接受明确界定的减排水平。为了反映所有国家的关切,峰会主席最终的总结写道:"我们寻求与《公约》的所有缔约方分享他们的愿景,并与他们在《公约》谈判中认识到至2050年全球减排50%的目标——这一全球挑战只能通过全球对策来实现,特别是所有主要经济体的贡献,符合共同但有区别的责任和各自能力的原则。"[③]

洞爷湖八国集团峰会之后,福田康夫辞去首相职务,首相职务由麻生太郎接任。2009年6月,麻生确定日本2020年的中期目标将是比2005年的基准年减少15%。这一目标实际上相当于从1990年的排放水平减少7%,因为日本的温室气体排放量在增加。由于《京都议定书》规定的2008—2012年减排目标比1990年减少了6%,因此该目标意味着2012—2020年仅减少1%—2%的排放量。麻生强调,这个目标只针对国内排放,并且日本可以通过增加从国外获得排放配额或信贷来进一步减少排放。

三、鸠山执政与哥本哈根气候大会和坎昆气候大会

鸠山由纪夫于2009年9月成为日本新首相。在竞选期间,民主党表示愿意采取积极行动应对气候变化。在纽约举行的联合国气候变化特别峰会上,鸠山宣布日本的减排目标是2020年的中期排放目标比1990年的水平

---

① 村上芽:「『福田ビジョン』がまとめられました」、日本総研、2008年06月09日、https://www.jri.co.jp/column/closeup/detail/1325/,访问日期:2018年12月20日。

② 吕耀东:《洞爷湖八国峰会与日本外交战略意图》,《日本学刊》2008年第6期。

③ Ministry of Foreign Affairs (MOFA) (2008) Official Website of Toyako G8 Summit, http://www.mofa.go.jp/policy/economy/summit/2008/index.html,访问日期:2018年12月20日。

降低25%。他还宣布了"鸠山计划"，以在财政和技术上支持发展中国家减缓气候变化。①但是鸠山新的减排目标的主要问题在于他之前没有在日本政府内部进行过讨论，甚至鸠山也不清楚日本如何实现这一目标。从纽约返回后，鸠山呼吁在内阁成立新的全球变暖工作组，以确定如何实现25%的削减目标，成本是多少，以及对日本经济的影响。②工作组于2009年11月发布了一份临时报告，报告指出：通过购买国外排放配额来满足大部分减排量可以以最低成本实现25%的减排目标。虽然这个结论似乎是合理的，但这并不一定意味着它是长期实现日本经济25%减排目标的最佳途径，因为日本几乎肯定要在2020年之后进一步减排。因此，日本最好在国内投资低碳技术。③

2009年的《哥本哈根协议》中指出了发达国家向发展中国家提供气候援助资金的计划：④

发达国家对融资的集体承诺是在2010—2012年提供接近300亿美元的新的额外资金，在适应和减缓之间分配平衡。发达国家承诺到2020年以每年联合募集1000亿美元为目标，以满足发展中国家的需求。这笔资金有各种来源，包括公共和私人以及双边和多边，并包括其他融资来源。这些资金的很大一部分应该流经哥本哈根绿色气候基金。

日本虽然认为援助资金并非小数目，但是由于协议允许各国计算各种财政资源，包括私营公司的财政资源，同时因为美国也可以接受该承诺，日本仍然同意了该协议，最终承诺了150亿美元有偿援助发展中国家

---

① 首相官邸:「国連気候変動首脳会合における鳩山総理大臣演説」、平成21年9月22日，https://www.kantei.go.jp/jp/hatoyama/statement/200909/ehat_0922.html，访问日期：2018年12月20日。

② Yasuko Kameyama, *Climate Change Policy in Japan, from the 1980s to 2015* (New York: Routledge, 2016), pp.112-116.

③ Ibid.

④ UNFCCC, 2009, Copenhagen Accord, Decision 2/CP.15, FCCC/CP/2009/11/Add.1.

减排。①

2010年3月，环境大臣小泽作为个人提案发布了"到2020年实现减排目标的路线图"。该报告强调，到2020年减排25%，到2050年减排80%是可以实现的，不会损害日本经济。② 报告中的分析认为，提高整个经济部门的能源效率、建造零排放的建筑物和房屋、制造低碳密集型汽车以及替代交通工具是实现这些目标的关键。此外，对这些类型的基础设施投资可能对日本经济有利。路线图还建议到2020年建造8座新核电站。③

COP 16于2010年12月在墨西哥坎昆举行。会议最重要的目的是将《哥本哈根协议》转变为缔约方大会一揽子决定，将政治宣言纳入官方程序文件。在COP 16的第一天，日本经济产业省的一个代表团确认，日本的2020年减排目标被认定为《哥本哈根协议》下的目标，但日本并不打算在《京都议定书》附件中列出。这是一个强烈的信号，日本没有留下谈判的余地。许多利益相关者已经认识到日本的2020年目标是承诺，但不具有法律约束力。

第三节　东日本大地震到巴黎大会（2011—2015年）

2011年的东日本大地震这一因素深刻地影响着日本参与气候治理的态度和能力，同时也使日本再次深入思考能源安全与减排以及经济发展之间的联系，并且影响日本批准《巴黎协定》的进程。

一、对能源安全的再思考

可以说东日本大地震在很大程度上影响了日本国内的政治经济计划、国民生活节奏与生活方式。其对于能源利用和节能技术发展的影响更是不言而喻。

---

① 《日本宣布150亿美元"有条件"援助发展中国家减排》，网易新闻，2009年12月17日，http://news.163.com/09/1217/17/5QOL9J41000120GU.html，访问日期：2018年12月20日。

② Yasuko Kameyama, *Climate Change Policy in Japan, from the 1980s to 2015* (New York: Routledge, 2016), pp.112-116.

③ 《日本公布减排路线图试行方案》，日本新华侨报网，2010年3月31日，http://www.jnocnews.jp/news/show.aspx?id=37211，访问日期：2018年12月20日。

（一）福岛核事故前日本的能源形势

能源是国家安全、经济发展的命脉，世界上几乎所有国家都将能源安全置于最重要的战略地位。日本更是如此。作为一个山地多，资源稀少，地震、海啸、台风等自然灾害频发的岛国，其能源自给率仅有6%，因此日本国内从政府到一般民众都十分重视节约能源，能源供给一直被视为国家战略的重要内容。日本能源资源大部分依靠海外供应。在20世纪60年代，政府开始表现出在日本建设核电站的强烈意愿，以减少对化石燃料的依赖。尽管日本在第二次世界大战期间是原子弹的受害者，但20世纪60年代，日本政府依然将大量的国家预算分配给核电厂技术开发。

20世纪70年代的两次石油危机使日本进一步加强了对核电的支持。日本在石油危机中严重依赖中东的石油资源。1960年中东石油在日本进口石油中的比重是79.3%，1965年是88.2%。1973年10月第四次中东战争爆发，阿拉伯石油输出国组织（OAPEC）决定对支持以色列的美日等国实行禁运。[①]

日本为了应对能源紧张，首先建立了主管能源的部门。1973年通产省进行大规模改革，设置资源能源厅。1975年确定"综合能源政策的基本方向"。其次，调整产业结构，建立能源储备制度。日本加入世界能源机构的能源储备体系，并在1975年制定石油储备的专业化法规——《石油储备法》，规定国内石油企业必须储备足够90天消耗的石油。1978年日本进一步实施《日本国家石油公司法》，促进石油公司为国家储存石油。最后，日本还大力发展新能源，1974年日本政府提出了"新能源技术开发计划"（即"阳光计划"，1974—1992年），力求寻找代替石油的新能源。其中，对太阳能、地热、煤炭、氢能源的技术开发成为该计划的4个支柱。[②]日本又在1993年实施了"新阳光计划"，着力开发利用太阳能、风能、光能、氢能等新能源技术，制订对潮汐、地热、垃圾等节能环保项目进行鼓励的计划。为保证"新阳光计划"的顺利实施，日本每年拨款570多亿日元，其中约362亿日元用于新能源技术的开发。[③]

---

① 叶静亚：《二战后日本能源安全政策演变分析》，《特区经济》2012年第12期。
② 冯昭奎：《战后世界能源形势与日本的能源安全》，《日本学刊》2013年第3期。
③ 何一鸣：《日本的能源战略体系》，《现代日本经济》2004年第1期。

除了发展新能源技术，日本更是认为发展核电对于日本的能源安全保障不可缺少。在石油危机的刺激下，发展核电事业日益成为日本社会不可动摇的决定。日本加快了已经开始的从美国引进轻水堆的进程，从1970年至1987年的17年间日本建成投产的轻水反应堆达34座，其中沸水反应堆（BWR）18座，压水反应堆（PWR）16座。[①] 根据国际原子能机构（IAEA）2008年的数据，日本是继美国和法国之后的世界第三核电大国，共有17座核电站、55个核电机组，其总装机容量为4800万千瓦，发电量约占全日本发电总量的三分之一。[②] 以2009年为例，日本的发电量为9915亿千瓦时，位列美国和中国之后，其中以常规能源为原料的发电量份额分别为石油12%，煤炭25%，天然气28%，新能源发电的份额分别为核能占28%，可再生能源占8%。[③]

（二）福岛核事故后能源政策的调整

福岛核事故被定级为七级核泄漏事故，其引发的核辐射影响范围超过方圆250公里，直径20公里内的居民被疏散。这使得日本民众对核能的安全性产生了广泛的质疑，并对核电是否真的环保产生强烈的疑问。除此之外，日本政府对核泄漏处理不力导致核污染范围扩大，多地在饮用水和食品中检验出核辐射超剂量，这严重影响了食品安全问题，对国民造成了巨大的心理压力，也加剧了日本民众对核能的担忧。[④]

东日本大地震以后，日本对核发电的安全性和环保性的信心受到了巨大的打击。日本将发展可再生能源定位为国家能源战略的重要组成部分。2011年8月26日，日本通过《可再生能源法》，规定了新的固定价格收购可再生能源制度（简称"FIT制度"）。[⑤] 该法在2012年7月1日开始实施，这是日本首次正式通过全面推广可再生能源的法律。FIT制度的核心内容是：电力公司有义务以政府规定的固定价格对经国家认证的家庭、民

---

① 冯昭奎：《战后世界能源形势与日本的能源安全》，《日本学刊》2013年第3期。

② IAEA, *IAEA Annual Report*, 2008, p.15.

③ 井志忠：《"后福岛时代"的日本电力产业政策走向》，《现代日本经济》2012年第1期。

④ 郑文文、曲德林：《后核时代日本能源政策走向的三方动态博弈分析》，《日本学刊》2013年第4期。

⑤ 《日本是如何进行节能减排的？》，中国节能在线网，2016年11月29日，http://www.cecol.com.cn/news/20161129/1116470529.html，访问日期：2018年1月6日。

间的太阳能发电站、风力发电站、生物质能发电站或中小型水利发电站等生产的可再生能源电力进行购买，以法律的形式确保和推动可再生能源的发展。虽然FIT制度能够促进可再生能源的发展，但是价格相对较高，在一定程度上无疑会加重国民和企业的负担。自2014年8月以来，日本九州电力、冲绳电力、东北电力、北海道电力和四国电力五大电力公司陆续宣布停止以固定价格收购可再生能源电力，其原因是太阳能发电站发展太快，超出了原来的预期。由于太阳能发电在夜晚和阴天都不能发电，发电量极不稳定，过多收购不具有稳定性的太阳能电力有可能使电网瘫痪，造成大规模停电。另据统计，FIT制度实施后，日本国内整体购入金额已高达2.7兆日元，平均下来每个家庭每月要额外负担792日元，加之日本的消费税上调等因素，进一步增加了国民与企业的经济压力。因此经济产业省于2017年3月公布新FIT法，力求促进可再生能源多样化并且降低购买价格以减轻国民压力。①

迫于反核势力的压力，民主党政权提出明确的脱核目标，即今后"40年堆龄"的核电机组就要报废，并不再批准新建核电站，且逐步摆脱核电，到2030年实现无核化。同时作为核能的替代能源，要增加火力发电，发展可再生能源、新能源。②

二、能源政策的改变与参与全球气候治理

经历了东日本大地震以及福岛核电事故，日本不得不改变能源政策。与之同时，由于气候治理的主要任务是减排，而减排又与能源使用情况密不可分，在这种情况下日本参与全球气候治理的态度也有了一些波折。

（一）能源结构的挑战使日本减排压力增加

由于日本一度无核化，全部依赖化石燃料，日本温室气体排放量增加。日本的减排能力和减排信心受到强烈的打击。2010年日本能源的自给率为19.9%，东日本大地震后核电站陆续停机，2012年日本能源自给率又

---

① 经済産業省、「改正FIT法による制度改正について」、2017年3月、http://www.enecho.meti.go.jp/category/saving_and_new/saiene/kaitori/dl/fit_2017/setsumei_shiryou.pdf，访问日期：2018年1月6日。

② 张季风:《日本能源形势的基本特征与能源战略新调整》,《东北亚学刊》2015年第5期。

重新降至6%。① 直到2015年7月，政府才作出最终决定：到2030年核电在总发电量中的比重将达20%—22%。日本政府对国际社会的减排承诺是，到2030年，温室气体排放要比2013年减少26%，这个承诺需要通过发展一定比例的核电站来实现。2015年8月11日，位于鹿儿岛县内的川内核电站1号机组最先启动，宣告了1年零11个月的"零核"时代结束。然而，日本的核发电比起福岛核事故前还是有所减少，减排压力仍有所增加。由于从核电转向化石燃料，日本的二氧化碳排放量不断上升。2011年至2012年日本温室气体排放总量增加了2.7%，2012年至2013年增加了1.3%，2013年排放水平比1990年增加了10.6%。②

（二）福岛核事故之后日本在国际谈判中更显消极

尽管日本希望在全球治理进程中发挥更大作用，但其气候外交也依然充分考虑美国的立场，加上日本国内经济长期低迷不振，又经历了福岛核事故，再加上中国等新兴国家的经济增长等因素，使得日本在气候变化问题上采取了相对保守，乃至后退的立场。③

1. 德班平台

德班平台在2011年的气候变化大会（COP17）上正式通过，它启动了一项新的国际谈判，以达成一项涉及所有谈判方的协议。《京都议定书》的第二个承诺期于2012年正式确认。日本、俄罗斯和新西兰决定不参加第二个承诺期，但没有正式退出议定书。④ 坎昆气候大会之后，德班气候大会之前，共召开了三次"会间会"，分别是2011年4月的曼谷会议、6月的波恩会议和10月的巴拿马会议。发达国家坚持在《坎昆协议》的基础上深

---

① 张季风：《日本能源形势的基本特征与能源战略新调整》，《东北亚学刊》2015年第5期。

② Ministry of the Environment (MOE), *Japan's National Greenhouse Gas Emissions in Fiscal Year 2013* (Preliminary Figures), http://www.env.go.jp/en/headline/2132.html，访问日期：2018年6月15日。

③ 参见高翔、王文涛：《〈京都议定书〉第二承诺期与第一承诺期的差异辨析》，《国际展望》2013年第4期；宫笠俐：《决策模式与日本环境外交——以日本批准〈京都议定书〉为例》，《国际论坛》2011年第6期；刘晨阳：《日本气候外交战略探析》，《现代国际关系》2009年第10期；刘小林：《日本参与全球治理及其战略意图——以〈京都议定书〉的全球环境治理框架为例》，《南开学报（哲学社会科学版）》2012年第3期。

④ 苏伟、孙国顺、赵军：《〈京都议定书〉第二承诺期谈判艰难迈出第一步》，《气候变化研究进展》2006年第4期。

入谈判，在某些问题上尽早形成突破，而发展中国家强调"巴厘路线图"，认为应全面完成"巴厘路线图"授权，平衡推进巴厘各要素，而不仅仅是局限于已有的阶段性共识。波恩会议总体表现平淡，除加拿大公开反对《议定书》第二承诺期并宣布退出《议定书》外，各方的基本立场变化不大。部分国家战术上主攻方向有所调整，欧盟侧重长期行动计划（LCA）成果的法律形式，美国关注"三可"机制（可监测、可报告、可核查）。巴拿马会议上讨论了如何解决《议定书》第二承诺期和德班气候大会要不要授权启动涵盖所有排放大国的新条约的谈判这两个核心问题。同时还谈及长期目标和峰值、长期资金等问题上存在的严重分歧。

德班授权是发达国家在2010年后越来越明晰的要求，与《议定书》第二承诺期直接挂钩。[①] 欧盟明确地表示可有条件地接受《议定书》第二承诺期，条件为：一是在《议定书》第二承诺期，逐步建成一个新的有法律约束力的全球协议；二是建立新的市场机制，保证《议定书》的完整性。美国、日本、加拿大则游离不定。在最终的德班气候变化大会上，通过了关于《议定书》第二承诺期的决定。包括欧盟在内的35个发达国家缔约方承担《议定书》第二承诺期的减排指标，但是美国、日本、俄罗斯、加拿大不参加。

2. 核电与减排目标再确定

2012年12月，自民党（LDP）赢得了选举，安倍晋三第二次成为日本首相。安倍上任后，大力倡导"安倍经济学"。在能源和气候政策方面，安倍表示将"从零开始考虑"，意味着将重新考虑2020年的温室气体排放目标，以及要重新考虑逐步淘汰核电。"安倍经济学"所提倡的"宽松的货币政策"，其实施的关键策略之一是使日元贬值，即通过货币市场降低日元对美元的价值，以增加日本商品的出口。这虽然使出口商品的公司受益，但也导致包括化石燃料在内的进口商品价格上涨。[②] 由于逐步淘汰核电的决定，日本不得不增加化石燃料的进口，特别是天然气进口，以减少

---

① 朱松丽、高翔：《从哥本哈根到巴黎——国际气候制度的变迁和发展》，清华大学出版社，2017，第44—47页。

② Yasuko Kameyama, *Climate Change Policy in Japan, from the 1980s to 2015* (New York: Routledge, 2016), pp.138.

二氧化碳排放，这导致能源成本增加。因此在2012年年底，自民党已经开始重新启动核电。考虑到引入核电将导致电力成本下降，工业界支持这一立场，自民党也因此受到产业界的支持。为了更好地掌握政权，自民党重新考虑到2020年减排25%这一之前民主党首相鸠山提出的减排目标。

2013年3月，日本内阁通过了对《关于促进应对全球变暖措施的法律》的修改，并将其纳入2013年以后的气候变化减缓计划，其中既没有规定2020年的排放目标，也没有规定到2050年达到80%减排目标的长期目标。为此环境省和经济产业省再次展开较量。环境省依然要求内阁考虑估算减排目标，给国际社会一个交代，而经济产业省则更考虑地震后产业界的经济利益。COP19于2013年11月11—22日在华沙举行。日本最终向会议提出到2020年比2005年减少3.8%温室气体排放的减排目标。2005年3.8%的减排目标相当于比1990年水平增加3%。这意味着日本打算在《京都议定书》第一个承诺期结束时增加其温室气体排放量。

3. 利马气候大会确定国家自主贡献

在利马会议期间，日本的立场与伞形集团的其他成员大致相同，不同意将缔约方分为附件一和非附件一国家。他们认为这种划分可能在20世纪80年代是合理的，但根据现在的国际形势应该更多样化地划分。同时，日本在利马气候大会上的讲话强调了日本对发展中国家减少温室气体排放和实现低碳发展的财政和技术贡献。[①] 利马气候大会之后，日本政府开始加快对国家自主贡献计划的审议。日本政府的目标是在5月底之前确定国家自主贡献预案，以便安倍首相能够在6月7日和8日在德国举行的七国集团峰会上公布目标数字。[②] 4月30日，政府披露了对日本国家自主贡献预案的提案，即到2030年温室气体排放量比2013年减少26%。这相当于比2005年减少25.4%，比1990年减少18.0%。通过选择2013年作为基准年，日本政府坚持认为日本的国家自主贡献计划比美国和欧盟更加雄心勃勃。如表2-2所示，日本政府认为，每个国家都在选择一个基准年，日本也决定提

---

① Yoshio Mochizuki, "Minister of the Environment of Japan, at COP 20," Last modified June 25, 2018, http://www.env.go.jp/en/earth/cc/cop20_statement_eng.pdf.

② Yasuko Kameyama, *Climate Change Policy in Japan, from the 1980s to 2015* (New York: Routledge, 2016), p.146.

出最有利于自己的目标。

表2-2　主要经济体预期的国家自主贡献计划基准年的变化率

基准年	1990年	2005年	2013年
日本：到2030年，温室气体排放量将比2013年减少26%	−18.0%	−25.4%	−26.0%
美国：到2025年，温室气体排放量将比2005年减少26%至28%	−14%至−16%	−26%至−28%	−18%至−21%
欧盟：到2030年将温室气体排放量减少到1990年水平的40%	−40%	−35%	−24%
俄罗斯：到2030年，将温室气体排放量减少到1990年水平的25%至30%	−25%至−30%	+10%至+18%	—
中国：2030年达到CO_2排放峰值	+277%至+316%	+82%至+101%	—

资料来源：Kenji Yamaji, *How Ambitious is the GHG Reduction Target of Japan? ICE Forum meeting conference paper*, 26 July 2015, 转引自 Yasuko Kameyama, *Climate Change Policy in Japan, from the 1980s to 2015* (New York: Routledge, 2016), p.150.

4.《巴黎协定》

COP21于2015年11月30日开幕。与以往的COP不同，本次会议的组织者邀请国家元首在开幕日发言。安倍首相在讲话中强调了日本对发展中国家的财政支持。他说，到2020年，日本将向发展中国家提供总额约为1.3亿日元（约合100亿美元）的公共和私人气候融资。安倍还表示，日本拥有世界领先的清洁能源应用技术。日本将通过节能领域的技术革新为减排作贡献。日本将在2016年春季前制定"能源和环境革新战略"，加强氢气制取、储运和新一代蓄电池研制等革新技术的研发。[①]

《巴黎协定》几乎受到包括日本在内的所有国家的欢迎。日本得到了它想要的大部分目标：所有国家的参与；取消发达国家和发展中国家之间的任何明确划分；国家确定的减排目标的非具有约束力的性质；定期审查所有国家的进展情况。

---

① 央视新闻网：《各国领导人在巴黎气候变化大会上讲话要点》，2015年12月2日，http://news.cntv.cn/2015/12/02/ARTI1449035025291868.shtml，访问日期：2018年12月20日。

本章小结

　　日本的在参与气候治理中心存"成为气候外交大国"的抱负，该抱负却一直未能实现，甚至其气候外交充满"矛盾性"。本章大致介绍了日本参与全球气候治理的进程和两个主要机制——亚太环境会议和环境ODA。从中可以看出，日本试图主导气候外交，但一直未能发挥"领导力"，最终日本"领导力"的体现以资金和技术的援助来实现。福岛核事故之后，日本的减排能力和减排信心遭遇打击，日本从而被迫进行能源结构调整，其能源政策最终落脚于发展新能源及可再生能源。日本在全球气候治理中的"领导力"进一步下降。日本这个一度主导亚洲环境外交的"大国"，在亚洲的影响力也随着中国等新兴国家的发展而逐渐减弱。日本对中国的环境外交从进行环境援助发展到"合作竞争"的模式。

第三章　日本参与全球气候治理的主体与
决策机制

日本参与全球气候治理的过程中有多个行为体，这些行为体之间的互动形成了日本全球气候治理中的决策模式。各行为体之间的利益既有相同部分也有冲突部分，行为体的各部门和组织也有利益趋同与利益之争。它们具体产生了怎样的合作与冲突？了解各行为体的作用以及其内部、外部的关系与决策机制，有助于全方位分析日本参与全球气候治理。

第一节　日本参与全球气候治理的政府机构

日本参与全球气候治理的政府机构主要有外务省、环境省（环境厅）、经济产业省（通商产业省）。这三个政府部门各尽其责、相互配合，虽然在某一时期出现过意见不统一，[①] 但总体来说是相互合作，且随着国际气候变化谈判的发展，三者的合作趋势越来越明显。

一、外务省参与气候外交

外务省（Ministry of Foreign Affairs, MOFA）在日本政府机构中占据重要地位，是主管日本对外事务的行政机关。其主要任务是：拟定和实施日本的外交政策；保护和增进日本的航海利益；派遣和接受外交官员；参与国际间条约的缔结；参加有关国际组织和国际会议；组织国外情况的报道和文化交流；联络接洽其他有关对外关系的各种事务；等等。[②] 主要职能是

---

① 参见宫笠俐：《冷战后日本环境外交决策机制之研究——以〈京都议定书〉的批准为中心》，博士学位论文，复旦大学，2010。

② 日本政府机构编写组：《日本政府机构》，上海人民出版社，1977，第67页。

"安全保障、对外经济、国际交流等外交政策"。外务省位于东京,由作为主体的内部部局及审议会、外务省研修所等附属机构组成。内部部局包括1房、10局、3部、1国际情报统括官。"10局"基本涵盖了外务省工作的分配,其中包括综合外交政策局,亚洲大洋洲局、北美局、中南美局、欧洲局、中东非洲局这五个分管全球地区外交事务的"地域局",以及经济局、国际协力局、国际法局、领事局这四个分管具体功能性方面的"功能局"。①

国际协力局(International Cooperation Bureau)的任务是通过经济、技术、国际协力等途径协调日本与各国家、国际组织的政治、经济关系。国际协力局主要针对发展中国家展开工作,ODA就是其工作的重点内容之一。局下设有六个课和地球规模课题审议官组织。②

地球规模课题审议官组织由地球规模课题总括课(Global Issue Cooperation Division)、专门机关室(Specialized Agencies Division)、国际保健政策室(Global Health Policy Division)、地球环境课(Global Environment Division)和气候变动课(Climate Change Division)组成。总括课负责全球综合事务,如基础教育、水与卫生、环境保护、贸易投资、国际保健与医疗、国际海事组织、国际民用航空组织的交涉等。③专门机关室负责与联合国相应的部门联络;国际保健政策室负责与国际保健、医疗相关的外交事务;地球环境课专门负责与地球环境相关的外交;气候变动课主要负责与气候变化相关的外交事务。

日本认识到:"由于气候变化是国际社会应该一致解决的全球性问题,加强该领域的信息收集和对外传播有利于加强同各国的关系,并且有利于稳固日本的国际地位。这些努力是为了促进国际合作,包括扩大适应措施以应对日本国内的气候变化,更积极地开发利用可再生能源以应对气候变化的影响之类的重要问题。"基于这种想法,日本外务省在世界各地派驻主管气候变化方面的外交官——气候变化专门官(気候変動専門官),用

---

① 王蕾:《日本政府与外交体制》,世界知识出版社,2016,第140页。
② 日语中的"地球规模课题"意为全球治理的课题、问题。
③ 王蕾:《日本政府与外交体制》,世界知识出版社,2016,第157页。

于加强日本在气候变化领域的外部传播，并收集各种相关信息。[①] 这些外交官的等级一般是一等至三等书记官（相当于中国驻外使领馆的一等秘书至三等秘书级别），虽然不是最高头衔，但针对气候变化这一工作内容派驻专门外交官可以体现出日本政府对气候变化外交的重视，且派驻的办公地点都是所在国的大使馆。如下表3-1所示，被派驻气候变化专门外交官的国家分布于五大洲和国际组织、国际机构。

表3-1　日本派驻气候变化专门外交官的国家（大使馆）、组织

亚洲（中东地区除外）	印度、印度尼西亚、柬埔寨、泰国、韩国、中国、孟加拉国、菲律宾、越南、缅甸、马尔代夫、蒙古国、老挝、哈萨克斯坦
大洋洲	澳大利亚、新西兰、帕劳、斐济
北美洲（拉丁美洲除外）	美国、加拿大
中南美洲	阿根廷、厄瓜多尔、哥斯达黎加、巴西、墨西哥
欧洲	冰岛、爱尔兰、意大利、乌克兰、英国、荷兰、希腊、瑞典、捷克、丹麦、德国、挪威、芬兰、法国、保加利亚、波兰、葡萄牙、罗马尼亚、卢森堡、俄罗斯
中东北非	伊朗、沙特阿拉伯、土耳其、埃及、摩洛哥
非洲（中东北非除外）	埃塞俄比亚、肯尼亚、南非
日本政府代表	日本驻联合国代表处、日本驻日内瓦国际机构代表处、日本驻欧盟代表处、日本驻经济合作与发展组织代表处

资料来源：日本外务省网站，https://www.mofa.go.jp/mofaj/ic/ch/page25_001196.html。

2018年5月，日本外务省新设气候变化外交工作小组（気候変動外交タスクフォース）。该工作小组的设立是为了在外务省内部建立一个横向体系，以便更积极有效地促进气候变化领域的外交。

日本外务省认为：国际社会和各缔约方正在积极落实《巴黎协定》。在这样的国际形势下，日本需要掌握最新趋势，了解未来变化，并在气候变化领域制定准确有效的外交政策。因此日本必须持续关注每个国家、地

① 外务省：https://www.mofa.go.jp/mofaj/ic/ch/page25_001196.html，访问日期：2018年11月1日。

区和区域的最新情况，需要在外务省内部建立一个横向机构专门负责这一领域问题，并在制定外交政策时予以反映。[①] 外务省气候变化外交工作小组的任务正是为外务省提供气候变化有效信息，调查探讨跨国家、地区和区域间气候变化问题，并制定适当的政策。

日本外务省还会组织气候变化方面的专家学者交流会，与会者来自各个科研机构、政府部门、企业机构，广泛交流最新研究成果，并进行有效信息反馈。例如在2018年4月外务省主办的"外务省关于跟进气候变化和脆弱性的报告——气候变化/区域情况研究专家交换意见会"（気候変動と脆弱性に関する外務省報告書フォローアップ——気候変動・地域情勢研究専門家の意見交換会）上，来自气象研究所、佳能国际战略研究所、国际协力机构、国立环境研究所、笹川和平财团海洋政策研究所、东京大学、日本文部省等13个机构的学者就应对气候变化展开讨论并提出以下观点：首先，在对区域气候变化对策进行研究时需要掌握和提供用户（有影响的评估机构、地方政府、支援机构、业务运营商等）所需的信息以对不确定性进行统计评估。气候变化对社会和经济影响尚未得到充分研究。在这两个领域中融合彼此的观点非常重要。其次，对关于气候变化有可能对其他环境产生的不利影响进行评估时，可以通过生态系统和工学结合的研究方式，以获得更好的效果。再次，在采取气候变化措施时，需要考虑区域情况以及社会、经济和人口迁移等因素。最后，关于气候变化对社会与经济发展的风险，虽然已经明确了评估的重要性，但是在分析方法等方面存在许多问题，因此需要更多的实践来检验评估结果。[②]

由此可以看出，日本外务省对气候外交十分重视，积极与国际社会有关方面协调联络，并且参与气候变化政策方面的实际调研。专门派驻气候变化问题的外交官体现了应对气候变化这一问题在日本对外政策中的重要性。及时设立专门工作小组落实《巴黎协定》体现了日本政府积极履行气

---

① 外務省：「気候変動外交タスクフォースの設置」，2018年5月10日，https://www.mofa.go.jp/mofaj/press/release/press4_005988.html，访问日期：2018年11月1日。

② 外務省：「気候変動と脆弱性に関する外務省報告書フォローアップ——気候変動・地域情勢研究専門家の意見交換会」，2018年4月，https://www.mofa.go.jp/mofaj/ic/ch/page23_002466.html，访问日期：2018年11月10日。

候变化法律承诺的决心。综上所述，气候外交在日本外交中属于长期的、专门性强、范围广的重要的课题。代表政府部门的外务省在应对这一问题时采取的组织工作方式是：积极应对、广泛联络和参与、及时调整更新组织与协调机构、重视参考相关领域专家学者和企业的意见。

二、环境省参与气候治理

环境省（Ministry of the Environment，MOE）的前身是设立于1971年的环境厅，2001年日本中央省厅重组时环境厅升格为环境省。环境厅主要是为应对当时日本十分严重的环境公害而设立的。环境厅主要负责制定国内环境政策计划，统一监督管理全国的环境保护工作。

升格后的环境省不仅继续履行先前环境厅的职责，还和其他省一起，对二氧化碳排放规定、保护臭氧层和防止海洋污染等事务进行监管。[①] 行政机构的改革使环境省代表的日本政府在国际环境事务中的影响力日趋加深。

环境省的主要职责是以《环境基本计划》为指导，主导日本的国内环境政策和环境外交政策。具体行政事务及统管领域包括：（1）制定与实施统一的废弃物对策、公害对策、自然环境及野生动植物保护政策；（2）与其他政府部门合作，共同应对全球变暖，臭氧层保护，废弃物再利用，化学物质与海洋污染的防治，森林、绿地、河流、湖沼的保护问题，以及对环境影响的评估和对放射性物质的监测。[②] 环境省由内部部局、附属机关、关联机关组成。内部部局由大臣官房、环境再生资源循环局、综合环境政策统括官小组、环境保健部、地球环境局、水·大气环境局、自然环境局构成。其中大臣官房负责全面协调人事、法律、法规、预算等事项，积极制定相关政策，最大限度发挥环境部的职能，包括政策评估、公关活动和环境信息收集等综合事务，其他各部门负责各自专门的事务。

地球环境局在参与国际层面的气候治理时，主要负责参与《公约》框架下的气候外交，包括《公约》和《议定书》缔约方会议为中心的对话机

---

① 田春秀、李丽平：《日本环境厅明年升格为环境省》，《世界环境》2000年第3期。
② 王蕾：《日本政府与外交体制》，世界知识出版社，2016，第422页。

制——《联合国气候变化框架公约》缔约方大会（COP）以及2005年起召开的《议定书》缔约方会议。此外，环境省还负责参与安排和运营《联合国气候变化框架公约》下的资金机制和技术机制；统计并报告温室气体排出量、吸收量；向联合国提交气候变化相关的调查结果和应对措施的报告。①

在国内层面，为了积极应对气候变化，2018年6月环境省专门颁布了《气候变化适应法》，明确了日本气候变化适应措施的法律定位，并通过中央政府、地方政府、企业经营者和公民的合作，改进、促进适应措施的法律框架。气候变化对策的减缓措施和适应措施是相辅相成的关系。环境省根据《应对全球变暖措施促进法》和《气候变化适应法》两部法律政策推进气候变化对策。此外，环境省还主导并参与以下工作：制定长期的低碳环保计划、减排计划；鼓励和支援低碳环保技术（如CCS）、新能源及可再生能源的利用和开发；制定环境税的相关政策；以及主持或参与《巴黎协定》下长期发展战略的专家会议。

与外务省参与全球气候治理的责任和工作分工相比，环境省旨在在国际条约指导的基础上，更多关注国内层面的具体措施。环境省还有一些附属研究机构，如国立环境研究所（在日本的环境研究中发挥着核心作用，并以环境问题为中心全面开展工作，包括有关科学、工程、农业、医学、药学、渔业、法律和经济学等不同领域的专家合作调研）、②环境再生保护机构（主要负责由环境污染造成的健康损害赔偿和预防，支持民间团体组织的环境保护活动，支持处理化学排放物质，维护保养储备金管理等业务）等。③这些研究机构是环境省的重要智库，帮助和参与环境省的政策决定、执行、评估，是环境省的智囊团。除了这些智库之外，环境省还有各个审查会，专职负责各相关事宜的审查工作，是环境相关政策与问题的"裁判员"与"考核官"。

环境省作为负责日本环境问题的主要部门，把气候治理作为环境治理的重要一环。日本政府十分重视环境外交的力量，积极加入各种国际环境

---

① 环境省：http://www.env.go.jp/seisaku/list/ondanka.html，访问日期：2018年11月10日。

② 国立环境研究所：http://www.nies.go.jp/index.html#tab2，访问日期：2018年11月10日。

③ 環境再生保全機構：http://www.erca.go.jp/，访问日期：2018年11月10日。

公约，如表3-2所示。

表3-2 日本加入的主要国际环境公约

条约名称	通过时间	条约内容
	生效时间	
《拉姆萨尔公约》（Convention on Wetlands of Importance Especially as Waterfowl Habitat）	1971年2月	保护湿地及水禽
	1975年12月	
《华盛顿公约》，即《濒危野生动植物种国际贸易公约》（CITES：Convention on International Trade in Endangered Species of Wild Fauna and Flora）	1973年6月	保护濒危野生物种的国际规制
	1975年7月	
《保护臭氧层维也纳公约》，（Vienna Convention for the Protection of the Ozone Layer）	1985年3月	禁止破坏大气臭氧层，减少臭氧层变化的影响
	1988年9月	
《蒙特利尔议定书》（Montreal Protocol on Substances that Deplete the Ozone Layer）	1987年9月	控制和管制破坏臭氧层物质对全球环境产生的不利影响
	1989年1月	
《生物多样性公约》（Convention on Biological Diversity）	1992年5月	生物多样性的保护及可持续利用
	1993年12月	
《生物安全议定书》即《卡塔赫纳生物安全议定书》（Cartagena Protocol on Biosafety）	2000年1月	预防和控制转基因生物
	2003年9月	
《联合国气候变化框架公约》（United Nations Framework Convention on Climate Change）	1992年5月	将大气温室气体浓度维持在一个稳定的水平，在该水平上人类活动对气候系统的危险干扰不会发生
	1994年3月	
《京都议定书》（Kyoto Protocol）	1997年12月	附件一缔约方（发达国家）承诺在2008—2012年，温室气体排放量比1990年削减5%
	2005年2月	
《联合国防治荒漠化公约》（United Nations Convention to Combat Desertification）	1994年6月	对抗以非洲国家为首的荒漠化挑战
	1996年12月	

续表

条约名称	通过时间	条约内容
	生效时间	
《鹿特丹公约》（The Rotterdam Convention）	1998年9月	保护人类健康和环境免受国际贸易中某些危险化学品和农药的潜在有害影响
	2004年2月	
《巴黎协定》（The Paris Agreement）	2015年12月	将21世纪全球平均气温上升幅度控制在2℃以内，并将全球气温上升控制在前工业化时期水平之上1.5℃以内
	2016年11月	

资料来源：作者自制。

三、经济产业省参与气候治理

经济产业省（Ministry of Economy, Trade and Industry）是主要负责日本的通商、贸易、能源、产业等领域的政府部门，其前身是通商产业省，在战后日本经济的腾飞中发挥过重要作用。经济产业省下设大臣官房、经济产业局、通商政策局、贸易经济协力局、产业技术环境局、制造产业局、商务情报政策局、资源能源厅、专利厅、中小企业厅。[①] 除此之外，还有各个审议会、委员会负责审核和考察专门事宜，如综合资源能源调查会（総合资源エネルギー调查会）等，以及各独立行政法人研究所作为调研智库，如日本贸易振兴机构（通常称为JETRO）、经济产业研究所等。产业技术环境局是经济产业省参与和领导日本参与全球气候治理的重要部门之一。许多环境和应对气候变化的政策都由产业技术环境局参与制定和促进实施。

经济产业省在参与全球气候治理方面，主要负责平衡经济发展、气候变化、能源安全之间的联系以实现减排，以及通过促进企业的减排技术开发和技术转移来发展全球气候治理中的灵活机制。2016年7月，经济产业省启动了由工业界、政府和学术界组成的"长期全球变暖对策平台"，讨论了2030年后减少长期温室气体排放的措施。该讨论会认为日本决定实

---

① 经済産業省組織図（平成30年度）：http://www.meti.go.jp/intro/pdf/a_soshikizu.pdf，访问日期：2018年11月15日。

施长期低排放发展战略是基于"国际贡献""产业/企业全球价值链"和"创新"三支箭，国家、企业、公民等行为体应采取尽可能的自主减排方式，并通过与其他国家合作实现目标，从而为应对全球气候变化作出实质贡献。[①]

促进企业的先进技术完成减排目标是经济产业省的工作重点之一。在经济产业省的主导下，日本在2013年至2021年3月实施运营日本碳信用体系（J-credit）制度。J-credit是一个国家通过引入节能设备和利用可再生能源以及森林管理来获得减排信用额度的制度，通过利用创造的信贷促进低碳投资，以促进提高日本温室气体减排量。[②]该制度允许政府向采用节能设备、使用可再生能源以及在日本国内通过森林管理减排的企业颁发温室气体减排信用。企业可以用获得的减排信用进行交易。[③]此外企业获得的信用还可以广泛使用于抵消碳排放，例如"经团联承诺建设低碳社会"相关项目的履约、温室气体结算和报告系统下的排放量等碳排放的抵消。

除了建立对企业和减排都有利的碳排放交易制度以外，经济产业省下的产业技术环境局还积极促进减排技术的开发，重点开发技术是碳捕集与封存。经济产业省紧密联合并支持日本CCS调查株式会社进行北海道苫小木的CCS实验；促进地球环境产业技术研究机构·二氧化碳封存研究组（地球環境産業技術研究機構"RITE"，CO_2貯留研究グループ）、产业技术综合研究所二氧化碳封存研究组（産業技術総合研究所CO_2貯留研究グループ）展开调查研究工作。[④]

经济产业省作为日本经济发展的主要指挥官，不仅重视利用先进技术实现减排，还积极促进环保企业和环保技术的商业运营，帮助相关企业推广产品，使企业实现减排产品的收益。经济产业省认识到日本有先进的节能减排技术，这些技术可以转移到发展中国家，帮助这些国家适应气候变

①　経済産業省：「国際貢献」、http://www.meti.go.jp/policy/energy_environment/global_warming/contribution.html，访问日期：2018年11月15日。

②　経済産業省：「Ｊ-クレジット制度」、http://www.meti.go.jp/policy/energy_environment/kankyou_keizai/japancredit/index.html，访问日期：2018年11月15日。

③　张益纲、朴英爱：《日本碳排放交易体系建设与启示》，《经济问题》2016年第7期。

④　経済産業省：「技術開発の推進」、http://www.meti.go.jp/policy/energy_environment/global_warming/techdeve.html，访问日期：2018年11月15日。

化，因此日本企业有巨大的海外市场。然而，日本企业对相关情况的认知水平并不高，而且也没有相关的推广和传播。从促进气候变化适应的角度出发，2014年经济产业省带头制定了"适应气候变暖的商业展望"（温暖化適応ビジネスの展望）这一政策，该政策包括市场规模调查、发现有潜力的领域、建立公私合作促进体系等建议。[1] 政策出台之后，经济产业省继续跟进，为企业编发了《企业应对气候变暖商务入门》（企業のための温暖化適応ビジネス入門），帮助企业了解有哪些适应措施，有哪些适应项目可开发，日本企业的技术和产品是否有助于发展中国家的气候变化适应措施。[2]

从以上经济产业省参与全球气候治理的过程和方式可以看出，经济产业省是日本企业参与全球气候治理的指导者，是政府和企业共同参与气候治理的联络纽带。经济产业省不仅要鼓励企业创造节能减排的技术和产品，更要帮助企业从中获得利益，实现国家和企业的双赢。

第二节　日本在全球气候治理中的非政府行为体

日本参与全球气候治理的主体呈现多元化，涵盖政府及政府间组织、地方公共团体、跨国公司、学术研究机构等非政府组织。日本将国际环境合作对象区域设定为三层级：东亚地区、亚太地区、全世界。其中非国家行为体参与国际环境合作在东亚地区所取得的成效，能够为推进东亚区域性气候治理合作共赢提供经验。[3] 日本的环保非政府组织在1997年通过《京都议定书》之后影响力发生了变化。日本公民团体获得了更大的影响

---

① 経済産業省：「温暖化適応ビジネスの展望」（最終案）：http://www.meti.go.jp/committee/kenkyukai/energy_environment/ondanka_platform/kaigai_tenkai/pdf/005_10_01.pdf，访问日期：2018年11月15日。
② 経済産業省：「企業のための温暖化適応ビジネス入門」（2018年版）http://www.meti.go.jp/policy/energy_environment/global_warming/pdf/JCM_FS/Adaptation_business_guidebook.pdf，访问日期：2018年11月15日。
③ 王琦：《日本应对气候变化国际环境合作机制评析：非国家行为体的功能》，《国际论坛》2018年第2期。

力，^① 在制定气候政策方面较之前的作用也大大提升。^②

本节着重介绍有代表性的非政府行为体参与全球气候治理的情况，分析这些行为体的参与方式和取得的成果，以点带面地来介绍非政府行为体对日本气候治理的重要性。

一、日本非政府行为体在参与全球气候治理中的作用

1997年1月，全球环境信息中心在德国波恩的气候变化秘书处开展了一项关于"非政府组织与《联合国气候变化框架公约》协商机制"的研究讨论。根据该研究，全球环境信息中心于1997年3月26日在联合国大学东京总部举办了一次关于"减缓气候变化：确定非政府组织在日本的作用"的研讨会，审查了三种主要的非政府组织，包括：（1）环境非营利组织（NPO）；（2）地方政府组织（LGO）；（3）产业界和企业。结果发现，日本的非政府组织可以有效地参与日本的气候治理。日本的环境非政府组织拥有广泛的专业知识、技能、经验和网络，在参与全球气候治理中的作用和贡献包括如下方面。^③

第一，执行UNFCCC第六条义务，特别是组织有关气候变化及其影响的教育和公众意识计划；提供公众获取信息的途径；促进公众参与和制定适当的对策。

第二，监测和评估日本的气候变化和温室气体减排的国家和地方政策。环境非政府组织可以根据商定的指标，通过监测和评估政策，提供关于国家和地方战略有效性的重要反馈。

第三，提供和参与决策。环境非政府组织认为他们参与决策非常重要，因为他们认为他们可以更好地掌握社会因素。特别是，他们认为自己可以贡献制定新的国家能源战略的专业知识。同时，他们希望为技术转让

① Peter Frankental, "Corporate Social Responsibility—A PR Invention?" *Corporate Communications: An International Journal*, Vol.6, No.1, 2001, pp.18-23.

② Dana R. Fisher, "Beyond Kyoto: The Formation of a Japanese Climate Change Regime," in *Global Warming and East Asia: The Domestic and International Politics of Climate Change*, ed., Paul G. Harris (London: Routledge, 2003), pp.187–205.

③ "NGOs and Climate Change in Japan," http://www.gdrc.org/ngo/jp-ngo-cc.html，访问日期：2018年11月15日。

项目作出贡献。

第四，环境非政府组织也可以为国家官方文件草案提供重要的支持。很多国家官方文件的起草都有环境非政府组织的提议和政策建议。

二、地方政府及公共团体的贡献

地方政府及公共团体是日本环境政策的具体执行者。[①] 日本地方公共团体参与全球气候治理的代表性案例是北九州市的大气污染治理政策。针对大气污染的对策，北九州市从治理产业公害到实现绿色经济增长，其环境政策有很大的改变，其经验值得学习和借鉴。

（一）日本地方政府在气候治理中的作用

地方政府可以负责监测和报告中央政府的温室气体排放，以履行UNFCCC规定的义务。日本的地方政府组织在监测和报告带有硫的酸性物质/氮氧化合物（SOx/NOx）排放方面拥有丰富的经验，这种做法可以扩展到温室气体上，并有以下几个优点。[②]

第一，收集数据的和监测方法相对来说有效性更强。

第二，根据现行的带有硫的酸性物质/氮氧化合物法，地方政府组织已经拥有大量的工厂，并拥有设备和排放水平数据库存。由于已经进行了体制安排，其职责可以相对容易地扩展到监测和报告温室气体，包括二氧化碳。

第三，日本民间社会组织参与温室气体监测和报告可能意味着更有效的治理。在具有特定减排限额的国家减排计划内开展工作，民政部门可以根据国家目标制定自己的实施计划。

第四，地方政府组织可以采用"横向"或跨部门的方法来减少主要领域的减排，如工业、交通和消费者生活方式。他们可以适当地为这些因素分配减少限额，并具备执行法律的能力。

第五，地方政府组织可以在多数减排计划中考虑农业和森林等温室气

---

① Ryo Fujikura, "Environmental Policy in Japan: Progress and Challenges after the Era of Industrial Pollution," Environmental Policy and Governance, 2011, Vol.21, pp.303-308.

② "NGOs and Climate Change in Japan," http://www.gdrc.org/ngo/jp-ngo-cc.html，访问日期：2018年11月15日。

体排放。

（二）以北九州为例

1901年八幡钢铁厂的投建以及之后的化学、水泥等工厂的建立使北九州工业快速发展的同时环境也受到严重污染。20世纪50年代开始，北九州的环境问题尤为严峻，在这种情况下北九州市民、企业、政府等公共团体共同制定并实施防止公害的措施，终于在20世纪80年代取得了较为可观的成效。北九州市通过以下方式应对大气污染。①

第一，优先采取清洁生产模式，重视终端治理，并对工业原材料进行区分，尽量选择环保材料，避免工业生产中过多地排放污染物。集中整治和加大管理措施推进政策，力争在短期内改善环境状况。

第二，建立资源循环型城市，率先开展循环型再利用的工作，促进企业开发先进的、有创造性的循环产业。资源的循环一方面可以帮助人类避免浪费，另一方面则可以防止二次排放和污染。

第三，建设生物多样性城市，特别是建设绿色城市。保护约占城市面积40%的森林及濑户内海，保护自然风景区避免被过度开发，注重物种的平衡及保护。有利的生态环境可以帮助减少大气污染和温室气体排放。

第四，发动市民运动，提高市民治理公害的意识，使市民由被动到主动参与到治理中来，这大大提高了治理的速度和效果。北九州市曾通过《煤炭规制法》的仲裁制度成功地解决了三起公害诉讼，这加大了企业环境破坏的成本，成为鼓励市民维权的标志。此外，"妇女的反对公害运动"也是公民参与治理的重要事件。1965年北九州市妇女会成立了调查煤烟问题专门调查小组，调查有害排放气体的排放量及对人体危害情况，根据调查情况要求工厂进行赔偿和改善。根据当时的《煤烟规制法》，市民运动使地方自治体参与调停，最终达到和解。北九州市在对待公害纠纷方面普遍以工业技术改善和发展来防治污染的措施代替"金钱和解"，这也是其取得治理成功的关键因素。

第五，制定相关法律措施和严格的排放标准，北九州市制定了《公害

---

① 南川秀树等：《日本环境问题：改善与经验》，社会科学文献出版社，2017，第129—168页。

防治条例》《煤烟规制法》《大气污染防止法》《关于硫氧化物的环境标准》《公害健康被害救济法》《公害健康被害补偿法》等一系列法律、条例，严格监督和规范企业的排放标准。

北九州市通过官民协作治理，使日本经济增长造成的大气污染等公害问题得到有效解决，并用成功的治理经验与发展中国家开展国际环境合作。[①] 目前，北九州市清洁治理模式所形成的北九州市倡议网络（Kitakyushu Initiative Network）已经有亚太地区的18个国家62个城市参加，[②] 成为东亚地区环保模式的典范，已具有相当的影响力。

三、商业、产业界的贡献

众所周知，日本的发展离不开商业与产业界的功劳。日本的商业和产业界在一定程度上参与政治决策并对其起到监督、促进的作用。在环境保护和气候治理上也不例外，商业、产业界同样发挥了不容小觑的力量。

（一）经团联的作用

日本产业界参与全球气候治理，主要以经团联为中心。经团联成立于1946年8月，成立之初的宗旨是："通过紧密联系各经济团体、研究各种经济界的问题激发企业的创新精神，同时重建企业及金融组织，确保经济稳定，促进国民经济健康发展。"[③] 经团联在日本经济发展中发挥重要指导作用，可谓日本的"财经界大本营"。[④]

经团联与各企业的关系是相辅相成的，经团联维持费用大多来自各企业的会费。因此在领导企业参与气候及环境治理时，经团联不只注重治理效果，更优先考虑企业利益。经团联参与环境治理的活动大致分为两个时期：一是20世纪50年代到80年代的"公害"时期；二是从20世纪90年代初政府及民众对环境问题逐渐重视关心之后。[⑤] 随着国际社会及日本国内

① 内藤英夫：「北九州市の国際環境協力と経験」、アジ研ワールド・トレンド235号（2015年）第21页。
② 王琦：《日本应对气候变化国际环境合作机制评析：非国家行为体的功能》。
③ 社団法人経済団体連合会：『経済団体連合会十年史』、1962年、第一篇、第4—7页。
④ 『財界展望』、冬季増刊1967年7月、第18—23页。
⑤ 南川秀树等：《日本环境问题：改善与经验》，社会科学文献出版社，2017，第169—207页。

各界对环境问题的关注，经团联也与时俱进，开启了推动产业界参与气候治理与环境保护的历程。

在"公害"时期，经团联虽然维护政府针对各种污染的法律措施，但还是会考虑企业利益，尽量帮助企业避免因环境治理措施而受到经济损失。例如，面对厚生劳动省1955年向国会提交的防止生活环境污染的标准草案，经团联1956年1月就迅速提出"关于防止公害立法的请求"，明确提出立法建议。[①] 1958年本州造纸江户川工厂污水排放导致渔业蒙受损失，日本政府以此为契机提出并通过了《水质污浊防止对策纲要》，经团联随即提出了"关于控制水质污浊立法的请求"，希望政府对污水治理设施进行适当的补助，避免相关企业因此蒙受过多损失造成对经济发展的不利影响。1965年11月经团联发表了《关于公害政策的意见》，认为并没有充分的科学依据可以解释"公害"问题，"公害"立法为时尚早。[②] 然而环境"公害"导致的问题越来越多，越来越严重，加之20世纪70年代的石油危机引起的物价上涨等不利影响，日本民众越来越认为企业是环境污染的罪魁祸首之一。经团联和日本企业也认识到了环保减排的重要性，不管是出于主动还是被动，经团联和日本企业都需要走向积极环保的道路。

20世纪80年代开始，经团联逐渐改变了环境治理会造成经济损失的观点，并认为要从全球的视野研究环境政策，在1991年4月通过了《地球环境宪章》。《地球环境宪章》提倡可持续发展，关注环境影响和贫困人口问题。特别认识到在经历了石油危机和公害问题的惨痛教训之后，产业界应该节约能源、资源，并建构世界上最先进的技术体系。该宪章明确提出了十个具体事项，为日本产业界参与全球气候及环境治理指明了方向和具体方法，深刻影响着日本产业界的环境治理行为。[③] 一是表明支持环境保护的姿态；二是在开展国际业务时尊重东道国的环境标准，尽最大努力保护环境；三是进行环境评价和评价反馈；四是促进和鼓励环境相关的技术转让和经验分享；五是完善环境管理体制；六是积极交流信息并进行民意沟

---

① 社团法人经济团体连合会：『経済団体連合会五十年史』、1999年、第39頁。
② 社团法人经济团体连合会：『経済団体連合会五十年史』、1999年、第55—56頁。
③ 社团法人经济团体连合会：『経団連地球環境憲章』、https://www.keidanren.or.jp/japanese/policy/1991/008.html，访问日期：2018年11月15日。

通；七是适当地应对环境纠纷问题；八是对有利于制定科学的、合理的环境政策和各种活动提供支持；九是推动企业展开环保宣传；十是日本总部应了解企业在海外的环保意识的重要性，并努力改善内部系统，完善支援体系。

20世纪90年代中期开始，为了迎接京都会议的到来，经团联继续新的努力，1997年发表了《经团联环境自主行动计划》，为日本产业界切实推进环境政策和可持续发展构建了框架。其提出的减排目标是"2010年将产业部门及能源转换部门的二氧化碳排放量努力控制在1990年的水平以下"，[①] 之后的标准又改为"2008年至2012年，产业部门及能源转换部门的年均二氧化碳排放量努力控制在1990年的水平以下"。[②] 根据2013年经团联的评估报告："参加该政策计划的产业部门共有34个行业，2008—2012年的五年间共有4.4447亿吨的二氧化碳排放量，比1990年减少了19.9%。"[③] 经团联认为，日本实现减排目标的主要原因是各行业主动采取了节能减排的措施，加强了减排技术的创新和运用，同时还促进国际社会理解和认可日本产业界的减排模式。

（二）企业及跨国公司的作用

日本企业及跨国公司依据经团联的指导精神，不断研发技术，扩展国内外市场，成为日本参与全球气候治理不可或缺的主要行为体之一。日本企业参与全球气候及环境治理的几点经验一直是东亚甚至是世界范围的典范。

第一，日本企业对环境相关法律高度重视。日本的《环境基本法》把可持续发展的环境保护理念明确写进法律条文中。日本多数大企业的总公司设有环保委员会，指导各分公司的环保工作。[④] 这种内部监督管理的

---

① 社团法人经济团体连合会：「経団連環境自主行動計画」、https://www.keidanren.or.jp/japanese/policy/pol133/index.html，访问日期：2018年11月15日。

② 首相官邸：「地球温暖化対策推進大綱—2010年に向けた地球温暖化対策について—」、https://www.kantei.go.jp/jp/singi/ondanka/9806/taikou.html，访问日期：2018年11月15日。

③ 社团法人经济团体连合会：「環境自主行動計画〈温暖化対策編〉総括評価報告」、http://www.keidanren.or.jp/policy/2013/102.html，访问日期：2018年11月15日。

④ 孙振清、张晓群：《日本企业减少环境负担的举措和启示》，《中国人口·资源与环境》2004年第5期。

模式在很大程度上减轻了政府的负担，并且体现了日本企业自主减排的积极性。

第二，为推进本国企业自主性环保事业，日本引入ISO14000标准及《生态行动21》等环境管理体系。[①]ISO14000环境管理体系要求企业进行全面系统的程序化环境管理，引导传统的污染防治发生根本性转变，并从末端治理向全过程控制实现清洁生产转变。[②]

第三，从生产端到消费端的环保理念升级。20世纪80年代以来，日本企业的外部环境不断发生变化。消费者不仅关心产品本身，更关心产品的环境影响，关心自己购买的产品是否会对社会产生不利影响，[③]这些不利影响是否会最终转嫁到自己身上。因此日本企业不仅关注生产本身，还会从消费者的角度出发研发和生产环保型产品，并在生产和销售过程中注重节能减排。企业尽量节能降耗，提高材料利用率，大多数企业都采取了降低成本的3R原则，即减量化（Reduce）、重复性（Reuse）、循环性（Recycle）。[④]生产和消费两个方面的理念升级促进了产业环保模式的构建。日本以推动企业节能生产、培养市民良好消费习惯这两方面来协调经济与环境的关系。

日本跨国公司也通过国际贸易活动参与国际环境合作。[⑤]日本跨国公司通过履行企业社会责任（CSR）、推进清洁能源产品和环保技术、开展环境金融业务、促进环境友好交流活动等活动积极参与全球气候及环境治理。据环境省对日本在海外的577家企业（共调查2279家企业，有效调查对象为577家）的调查结果，日本在海外的企业中，有43%已经采取了企业环保措施，另外有10.2%正在计划采取环保措施。在已经采取环保措施的企业中，经营方针中的环境保护条款在促进其参与国际环境合作上发挥了决定性的作用。[⑥]

---

① 胡王云：《日本现代环境治理体系分析》，《经济研究》2015年第4期。
② 孙振清、张晓群：《日本企业减少环境负担的举措和启示》。
③ 刘劲聪：《日本企业环境经营的探析》，《国际经济战略》2011年第1期。
④ 魏全平等：《日本的循环经济》，上海人民出版社，2006，第7页。
⑤ 王琦：《日本应对气候变化国际环境合作机制评析：非国家行为体的功能》。
⑥ 環境省：「日本企業による国外での環境への取り組みに係る実施状況調査結果」，https://www.env.go.jp/earth/coop/coop/document/oemjc/H22/H22_summary.pdf，访问日期：2018年11月12日。

同时，企业也是日本开展清洁发展机制的项目实施者，并在其中发挥着重要作用。经济产业省每年花费几十亿日元的补贴推动中小企业引进二氧化碳减排设施，但支持补贴的财政资金十分有限。因此私营部门，特别是大型企业会向中小企业提供资金和技术，推动中小企业引进设备，实现"国内清洁发展机制系统"。这些系统采用基线和信用体系，使公司能够通过努力减排来获得排放权，即提供资金和技术支持的大公司能够从中小企业获得二氧化碳排放量，作为自己的排放权。[①] 而进行国际清洁发展机制项目的时候，日本企业无论大小都会积极参与其中，并更加倾向于发展实行更快、收益更快的"联合抵换额度机制"（The Joint Crediting Mechanism，JCM机制）。

如前所述，以经济产业省为代表的政府机构支持企业参与气候治理并帮助企业从中获利。日本大多数企业也十分支持并帮助日本政府实现气候治理国际承诺。日本通过《巴黎协定》之际，2015年日本各企业联合经团联提出了《寻求有效削减全球范围气候变化的政策》（地球規模の削減に向け実効ある気候変動政策を求める），该政策为日本参与全球气候治理明确了面对国内和海外的分工与合作政策。[②] 随后又于2017年更新《今后全球气候变暖的建议》（今後の地球温暖化対策に関する提言），[③] 进一步确定了企业的减排作用。无论从帮助国家实现减排承诺，还是为谋求自身的销售市场，日本企业已经有组织、有效率地走上了"自主减排"的道路。

四、非营利组织、非政府组织及学术界的贡献

由于日本参与气候治理的非政府行为体多种多样，据日本"全国地球温暖化防止活动推进中心"（全国地球温暖化防止活動推進センター，Japan Center for Climate Change Actions，简称JCCCA）的介绍[④]，日本大

---

① 長谷直子:「国内CDM制度 -概要と今後の展望-」、2008年8月、日本総研、https://www.jri.co.jp/page.jsp?id=26251，访问日期：2018年11月12日。

② 社団法人経済団体連合会:「今後の地球温暖化対策に関する提言」、http://www.keidanren.or.jp/policy/2015/033.html，访问日期：2018年11月12日。

③ 同上。

④ 全国地球温暖化防止活動推進センター：http://www.jccca.org/link/，访问日期：2018年11月20日。

概有161个团体或机构参与其中。据2004年《国际环境合作战略研讨会报告》统计，已经有95个日本环境非政府组织在海外实施国际环境合作，并建立了日本国际合作非政府组织中心（JANIC）以及中日韩环境教育网络（TEEN）等与国际环境合作相关的非政府组织合作网络。[①] 本书不一一叙述，只选择个别有代表性的机构和组织进行分析，旨在了解日本非政府行为体参与全球气候治理的模式和特点。

团结、平等、环境和发展行动（Action for Solidarity, Equality, Environment and Development，A SEED JAPAN）是日本青年于1991年10月成立的一个国际环境非政府/非营利组织。1992年6月，世界各地70个组织参加了A SEED JAPAN的国际运动，以便在巴西举行的联合国环境发展大会上表达青年人的声音。A SEED JAPAN作为日本非政府/非营利组织环保事业的一个窗口和开端，既总结了全国青年的声音，又向联合国提交了提案。该机构注重跨界环境问题及其所包含的社会不公正现象，旨在创造一个更可持续和更公平的社会。该组织认为有必要改变大量生产、大量消费和大量排放废弃物的模式，并应该消除南北之间、地域之间和世代之间的差距。[②]

日本地球之友（Friend of the Earth Japan，FoE Japan）是日本的一个国际环境非政府组织，致力于解决全球范围内的环境问题。作为地球之友国际组织的成员，日本地球之友在全球75个国家拥有200万名支持者，自1980年以来在日本一直十分活跃。[③] 该组织参与活动的范围包括气候变化、支持和主张福岛脱离核电、发展环境金融、保护森林等。在气候变化方面，该组织提出日本的应对政策。一是要减少排放和引入经济的方法，即由于产业部门按行业采取自愿的措施并不能保证大幅减排，因此有必要引入一种经济的碳定价方法，并根据节能标准义务、营业时间审查等规定对碳排放进行定价。二是要大规模扩大利用可再生能源，必须从依赖排放二氧化碳的化石燃料转为以利用可再生能源，如太阳能、风能、生物质

---

① 王琦：《日本应对气候变化国际环境合作机制评析：非国家行为体的功能》。

② 国际青年環境NGO A SEED JAPAN：http://www.aseed.org/about/，访问日期：2018年11月12日。

③ 認定特定非营利活動法人FoE Japan：http://www.foejapan.org/，访问日期：2018年11月12日。

能、水电等为中心的社会。三是尽量利用公共交通工具或者骑自行车和步行，减少车辆排放过多的二氧化碳。四是加强地方政府和地区的相关组织工作。

气候网络（気候ネットワーク）是一个从公民的角度发起的"提议＋筹备＋行动"的非政府/非营利组织，旨在防止全球变暖。该组织从改变社会，包括工业、经济、能源、生活方式、地区以及个人等全方位入手提出了与防止全球变暖有关的专门政策建议，并建立了为全球变暖对策培训人才的模式。此外，作为全国民间、环境非政府/非营利组织，气候网络继续与其他正在努力防止全球变暖的组织和部门进行互动和协作。自1998年成立以来，[①] 气候网络参与了国际谈判、研究和政策建议等活动，活动范围广泛，姿态活跃。气候网络还参与1997年京都会议以来的COP谈判以及一系列气候外交会议，并与气候行动网络（Climate Action Network，CAN）有紧密的合作关系。

地球环境行动会议（Global Enviroment Action，GEA）[②] 也是日本著名的环保组织平台。1991年举行的联合国环发大会的全球首脑会议上，平衡全球环境保护和可持续发展所需的资金问题成为会议重点。出于这个原因，以日本前首相竹下登、美国前总统卡特为代表的政治精英在日本东京召开了"全球环境贤人会议"，这次会议促进了里昂气候大会的成功。GEA是在"全球环境贤人会议"的背景下成立的。它召集了日本国内的有识之士，包括政党精英、科学家、企业家等各行各业的环保人士。竹下登前首相担任首任会长，第二任会长是海部俊树前首相，第三任会长是经团联名誉会长平岩外四，还有一些政治名人担任顾问。1999年，GEA因其在全球环境和可持续发展领域对国际社会的长期贡献而受到高度赞赏，该组织获得了联合国环境规划署颁发的"全球500强奖"。GEA定期举办和参与国际会议以及全球顶级研究机构、国际组织的专题会议。

川越环境网络（かわごえ環境ネット）是基于1998年3月制定的"川越市市政环境基本计划"的基本指导思想成立的，成立于2000年8月5日，

---

① 気候ネットワーク: https://www.kikonet.org/category/event/，访问日期: 2018年11月12日。
② 地球環境行動会議: http://www.gea.or.jp/11gea/11gea.html，访问日期: 2018年11月12日。

是一个提供环境相关信息和协调组织的非政府机构。该组织以川越市为中心进行环境保护和减排公益活动。川越市成功保留了历史文化和自然风景，这与川越环境网络的贡献密不可分，它是日本比较成功的以城市为主参与全球环境治理的非政府/非营利组织。[①]

1998年在日本政府的倡议和神奈川县的支持下成立的日本全球环境战略研究机构（Institute For Global Enviromental Strategies，IGES）[②]是一个公益基金会，旨在建立一个新的全球环保文明范式和可持续发展的创新政策。根据全球环境战略研究机构建立章程的宗旨，IGES开展政策、战略的研究，制定相关领域的方法和措施，并以亚太地区为中心，开展促进全球范围内的可持续发展。全球环境战略研究机构重新思考当前物质文明的价值观和价值体系，创造了应对全球环境危机的新范式，创造了人类新文明的范式。该机构认为根据这些新范式重建经济社会框架并开辟全球环境时代是人类社会的根本问题。此外，该机构章程还提出亚太地区占世界人口的半数以上，其经济活动已大幅扩展，并会在未来保护全球环境方面发挥着决定性作用。值得一提的是，IGES代表日本非政府组织参与了国际可持续发展研究所编发"地球谈判简报"（Earth Bulletin）。

日本非政府行为体在参与全球气候及环境治理过程中的共同特征是提供辅助政府的服务，并促进社会及市场的独立性与主动性。[③]日本的非政府行为体在参与全球气候治理的过程中体现出了"治理"的关系性特征，其实质基本是以市场、公共利益、公众认同感为基础的国家、公共团体、组织或机构、个人等各活动主体之间的合作关系。[④]中央政府在环境治理中从规则制定者、主导者，逐渐转变为鼓励相关利益方自愿参与环保活动的协调者，地方政府（公共团体）、各产业界、非营利组织等以及公民能

---

① かわごえ環境ネット：https://kawagoekankyo.net/news/，访问日期：2018年11月12日。

② 公益财团法人，地球環境戰略研究機関（IGES）：https://www.iges.or.jp/jp/about/index.html，访问日期：2018年11月12日。

③ Hens Runhaar, Peter Driessenl and Caroline Uittenbroek, "Towards a Systematic Framework for the Analysis of Environmental Policy Integration," *Environmental Policy and Governance*, 2014, Vol.24, pp.233-246.

④ Andy Gouldson, "Environmental Policy and Governance," *Environmental Policy and Governance*, 2009, Vol.19, pp.1-2.

够在环境治理中做到相互合作、各司其职，这使日本形成了多中心的环境治理模式。[①]

第三节　日本参与全球气候治理的决策机制

日本政治领域的专家将该国的决策视为三方精英权力模型。[②]三方精英群体即中央官僚机构、执政党和大型企业组织，这三方力量形成了一个"铁三角"，分享非正式的人际网络，并相互合作，力求将其他行为者排除在政治影响之外。[③]许多关于日本气候变化决策的文献都在一定程度上分析了这三种力量的决策过程。本章的第一、二节详述了日本各个行为体在全球气候治理中的具体作用，本节主要从三种精英决策行为体的角度来分析各行为体在气候治理中的利益冲突与合作。

一、行政官僚机构的决策模式

各行政机构的利益是相互独立的，每个部门的偏好都是增加预算和工作人员，以增加本部门的政治影响力。将气候变化议程与日本其他主要经济社会议程一起推动，符合环境省的利益。气候变化是发展环境省行政权力的有用工具。经济产业省的偏好是保护和促进与日本工业、企业相关的活动，并且确保能源安全。外务省的偏好是提高日本的形象和在国际事务中的话语权。财务省的偏好是增加年度预算并减少年度支出，因为日本长期以来预算赤字一直在恶化。农林水产省则希望负责更多与改善森林、农业环境，减少农业和渔业排放有关的工作。国土及气象部门则从监测、开展研究和分享科学信息的角度来获得与气候变化有关的利益。考虑到各政府官僚机构间不同的目标，各部门有时相互合作，有时则会存在利益冲突。政治家只有在政府面临重大决策并且各部门之间的冲突似乎无法解决

---

① 宫笠俐：《多中心视角下的日本环境治理模式探析》，《经济社会体制比较》2017年第5期。

② Mills C. Wright, *The Power Elite* (Oxford: Oxford University Press, 1956), pp.269-298.

③ Nester William, *The Foundation of Japanese Power: Continuities, Changes, Challenges* (New York: M. E. Sharpe, 1990), pp.135-242.

时才会参与决策。①

环境省是日本参与全球气候治理的中枢机构，它汇总并审核各部门提交的通用报告格式（CRF）和国家清单报告（NIR）。如图3-1所示，经济产业省、国土交通省、农林水产省、厚生劳动省、财务省、总务省这些与气候变化相关的部门负责汇总各自的数据与清单交至环境省审核，环境省审核后会要求有关部门作出相应修改，直至符合提交标准。环境省中具体负责该事务的是其下设的国际环境局，国际环境局又下设低碳社会促进办公室来分管相关工作。同时，环境省下设的研究部门国立环境研究所（NIES）、地球环境研究中心（CGER）等机构是其审核数据与清单工作的重要支持部门，环境省的许多决策都来自这些研究机构的支持。气候相关资料和数据的处理是一项复杂的工作，环境省同样也依靠许多私人机构和利益集团来获取相关信息，以完善相关数据资料。当处理好这些需要提交的材料之后，环境省会将通用报告格式和国家清单报告上交至外务省，最终由外务省审核并上交至《公约》秘书处。

可以说日本气候外交的执行者是外务省，但是大部分决策权依然在环境省手中。当然这并不意味着环境省拥有绝对的权力，因为资金统筹是由财务省决定的，能源利用以及能源部门的利益多数由经济产业省掌握，这些因素都是参与全球气候治理的命脉。其中经济产业省虽然是政府官僚机构，但其工作主要涉及能源、产业界的利益，许多时候其会与产业界、经团联的利益更加趋同。在参与全球气候治理的过程中，外务省与环境省的利益与决策冲突较少，因为其利益基本保持一致。

---

① Yasuko Kameyama, *Climate Change Policy in Japan, from the 1980s to 2015* (New York: Routledge, 2016), pp.23-25.

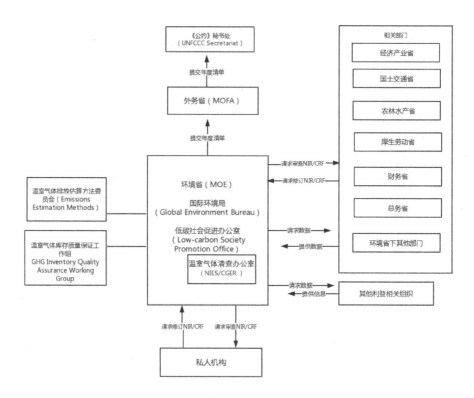

图3-1 日本行政机构参与全球气候治理的决策流程

资料来源：作者自制。

二、政党和领导人的决策模式

日本的气候外交决策机制不可避免与政党和领导人决策模式产生关联。1955年以来，日本多数时候是以自民党为中心的一党主导政治外交的局面。日本政策的制定过程多是按照自民党政务调查会的干部和官僚对决策的调整，最终形成自民党决策的过程。[①] 现代政党制度中的政治领导人是政治企业家，"一个政党是由这样一些人组成的一个团队，他们谋求通过在按期举行的选举中取得官职来控制国家机器"。[②] 他们的主要目标是继续当选或者获得选举。大多数政治领导人都希望继续掌权，因此可以假设他们或多或少地反映了一些个人和行业团体的偏好，以便在选举时获得他们

---

① 草野厚、《政策遇程分析入门》、東京大学出版社、1997年、第6頁。
② 安东尼·唐斯:《民主的经济理论》，姚洋等译，上海人民出版社，2017，第24页。

的支持。[1]

在很多政策决策中，领导者个人所起到的作用也不容忽视。例如在日本的环境外交政策的发展过程中，日本前首相竹下登个人的作用是不可忽视的。正是因为竹下登的提倡，日本自民党才开始关注环境议题，并引导日本走向环境外交之路。[2] 1988年6月举行的多伦多七国集团峰会是竹下登参加的第一次峰会，他对全球环境问题的看法产生了很大的影响。虽然人们对他的支持因1988年年末和1989年年初引入3%的消费税以及里库路特事件丑闻而受到打击，但竹下登仍然对政治问题和外交政策方面感兴趣。竹下登刚退休就成立了"全球环境相关问题部际委员会"。也许他参与全球环境治理的动机之一就是改善他的公众形象，他的形象曾因丑闻和被迫退休而受到影响。[3]

海湾战争始于1991年1月，在这场战争中由美国领导的30多个国家组成了一支盟军向伊拉克发动战争。伊拉克与科威特之间的冲突始于1990年8月伊拉克入侵科威特时的前一年。伊拉克入侵科威特后，美国以此为由组织盟军向伊拉克发动战争。美国要求日本通过派遣自卫队和提供财政捐助来为这项努力作出贡献。这在日本是有争议的，因为二战后日本已经放弃在其领土之外主动使用武力。[4] 时任首相海部俊树决定不派驻自卫队，但向盟军提供了130亿美元的财政捐助。虽然财政支持的数额不小，但日本的外交立场仍被批评为"支票簿外交"（checkbook diplomacy）。为了维护在民众心中的形象且保护自身的执政地位，自民党政治家认为他们需要找到其他方式来促进国际议程。实施气候变化措施被认为是解决问题的方法。1992年5月通过《联合国气候变化框架公约》的政府间谈判委员会

---

[1] Urpelainen Johannes, "Global Warming, Irreversibility, and Uncertainty: A Political Analysis," *Global Environmental Politics*, Vol.12, No.4, 2012, pp. 68-85.

[2] 宫笠俐:《冷战后日本环境外交决策机制之研究——以〈京都议定书〉的批准为中心》，博士学位论文，复旦大学，2010。

[3] Yasuko Kameyama, *Climate Change Policy in Japan, from the 1980s to 2015* (New York: Routledge, 2016), pp.23-25.

[4] T. Berger, "From Sword to Chrysanthemum: Japan's Culture of Anti-Militarism," in *East Asian Security*, eds. M. Brown, S. Lynn-Jones, and S. Miller (Cambridge: MIT Press, 1998), pp.300-331.

（Intergovernmental Negotiating Committee，INC）① 谈判期间，日本政府官僚机构的决定是1991年7月在INC会议上提出"承诺和审查"（Pledge and Review）提案。该提案遭到自民党的严厉批评，对于政治家而言，这一事件在一定程度上被视为官僚垄断外交政策的一个例子。因此，自民党全球环境问题特别委员会不支持通产省和外务省的"承诺和审查"提案，并命令将其删除。② 1992年2月，在竹下登的领导下，自民党成立了"基本环境问题理事会"。这在日本的决策中具有政治意义，因为"理事会"比自民党内部的"工作组"更为强大，在"理事会"内达成共识对于推动国会采纳某些议程至关重要。"理事会"有三个目标：日本在环发会议上的贡献、制定基本环境法、引入环境税。

"京都气候大会"召开之前和召开之际的日本首相是村山富市和桥本龙太郎。村山执政期间受1995年1月17日阪神大地震和同年奥姆真理教事件的影响，将其管理国内政策的大部分精力都用于震后重建以及维持社会安全防止民众恐慌。而其外交政策也以中国、韩国为中心，力求重塑战后日本在东北亚的形象。因此村山对气候外交的相关事宜并不活跃。桥本则在外交政策上与美国保持紧密关系，因此在气候外交层面十分重视美国的立场。由于这种政党及领导人的政治决策偏好，日本虽然成功举办了COP3，但是参与全球气候治理的领导力依然没有得以展示。

后京都时代的领导人对气候问题在不同程度上表示关注。小泉政府一直持续到2006年9月。在2001年同意《马拉喀什协定》后，他基本上支持日本批准《京都议定书》以及2012年后新一轮谈判的目标。然而事实上，他并不关心这个过程，因为他的主要精力在推动国内一系列改革。之后继任的首相是安倍晋三，他于2007年5月提出了一个口号"美丽星球"。2008年7月，福田康夫主办了八国集团洞爷湖峰会，这是他第一次参加八国集团会议。会议的最高议程是气候变化，福田为此做了充分的准备，并

---

① INC是UNFCCC政府间谈判委员会（1990—1995）为起草《公约》而成立的委员会。INC于1991年2月至1992年5月举行了五次会议。1992年通过《公约》案文后，INC又召开了六次会议，为COP 1做准备。它于1995年2月完成了工作。

② Rie Watanabe, *Climate Policy Changes in Germany and Japan* (Abingdon: Routledge, 2011), pp.1-25.

获得了美国总统布什和峰会其他成员的支持。2009年7月的选举中，日本民主党（DPJ）获得压倒性胜利，鸠山由纪夫于2009年9月成为新首相。在竞选期间，民主党表示愿意采取积极行动应对气候变化。在纽约举行的联合国气候变化特别峰会上，鸠山宣布日本将把2020年的中期排放目标从1990年的水平降低25%。

2011年东日本大地震引发了核事故之后，各执政党领导人都优先考虑国内能源形势与减排压力，对减排承诺基本保持低调态度，日本的减排雄心和减排能力受到严重打击。领导人在气候外交中的决策变得越来越谨慎，很少出现之前如竹下登、鸠山由纪夫一样强有力的防止气候变暖政策的支持者。

三、商业及产业界的决策

战后日本政府干预工商业以促进经济增长，实现了由战败国走向经济大国的目标。[①] 商业界和政府非正式地相互融合，它们在制定和实施政策方面相互合作。[②] 因此，与其他发达国家相比，日本商业及产业界与经济产业省的关系相当密切。有学者对比研究了1988年至1997年间，英国与日本的政府和商业团体之间的相互作用，认为比起英国，日本的商业团体在政策决定中发挥着更重要的作用。[③] 日本的经济繁荣联盟即工业集团和通产省，在《公约》谈判的早期阶段对确定日本的气候变化政策更具影响力。[④]

经团联是日本最大的单一经济和商业联合会，截至2015年6月，其成员包括1329个具有代表性的日本公司，109个全国性行业协会和47个区域经济组织。经团联是日本工业界的主要代表，特别是能源密集型产业的代

---

①　Johnson Chalmer, *MITI and the Japanese Miracle, 1925–1975* (Stanford: Stanford University Press, 1982), pp.198-241.

②　Yasuko Kameyama, *Climate Change Policy in Japan, from the 1980s to 2015* (New York: Routledge, 2016), pp.23-25.

③　Oshitani Shizuka, *Global Warming Policy in Japan and Britain* (Macmillan: Manchester University Press, 2006), pp.242-280.

④　Rie Watanabe, *Climate Policy Changes in Germany and Japan* (Abingdon: Routledge, 2011), pp.1-25.

表。① 如本章第二节所述，经团联与自民党和经济产业省联系密切，经团联在环境问题方面扮演了影响决策者的角色。

另一个有影响力的商业集团是经济同友会（日本企业高管协会），这是一家私营的、非营利性的无党派组织，成立于1946年。其成员包括约940家公司的约1300名高管，与经团联相比，经济同友会中的成员更多来自能源密集度较低的企业。因此，其政策立场有时与经团联的政策立场不同。②

虽然经济同友会也顾及产业界的利益，但其在气候变化问题上的态度始终比经团联积极。《京都议定书》在日本的工业界中非常不受欢迎。大多数企业不喜欢这个协议，因为他们认为碳排放减少6%的目标对日本经济不利；日本最大的贸易伙伴美国退出，不仅使《京都议定书》在减少全球温室气体排放方面无效，而且使日本产业比美国公司的竞争力更弱；他们看到中国工业迅速赶上发达的工业化国家，这使他们更加关注日本自身的内部经济增长和区域能源安全。③ 京都气候大会之际，经济同友会作出"应对气候变化五项提议"，其中对工业部门的政策提议如下：

> 对于日本而言，极大地减少温室气体排放是极其困难的，但工业部门希望促进减少排放的自愿努力。对于排放量持续增加的消费者和运输部门，整个社会的努力，包括公民的意识改革，都是必要的。该行业还希望通过开发节能型产品和其他新能源产品作出贡献。此外，发展中国家的努力成为越来越重要的问题，但日本是一个发达国家，应该支持技术、资金和人力资源。我们希望在私人层面进一步与政府合作。④

同提议中，经济同友会强调了技术发展对日本参与气候治理、应对气

---

① Yasuko Kameyama, *Climate Change Policy in Japan, from the 1980s to 2015* (New York: Routledge, 2016), p.27.

② Ibid., p.28.

③ Ibid., pp.124-125.

④ 社团法人经济同友会：「地球温暖化問題に対する 5 項目提言」、1997年11月18日。

候变化的重要性，认为产业界要积极以技术促进减排。

2005年经济同友会发表了对《京都议定书》目标的评论，并提出国内落实目标的八个主要支柱：国家和地方政府应首先采取行动；监测排放是必要的；应优先考虑各行业的自愿行动；应利用清洁发展机制和其他京都机制；不应征收新税；排放权交易不应在国内实施，除非该计划被证明不会损害经济增长；技术发展应该是长期目标；政府应该在国际贡献中发挥领导作用。该会对税收和排放交易等经济手段强烈反对，认为这些足以使《京都议定书》目标实现计划中的有效减排政策得以实施。

2018年经济同友会又提出了针对完成《巴黎协定》的减排目标以及可持续发展长期承诺下的政策提议，认为要发展可再生能源，并慎重考虑核电的使用；同时提到了要与发展中国家和地区合作，并提倡企业和个人实行减少"碳足迹"①的生活、生产模式。②

日本产业界在气候治理中的决策权，主要是经团联、经济产业省、经济同友会之间的利益平衡与协商。值得再次强调的是：虽然经济产业省是政府官僚机构，但由于其负责能源及产业的相关工作，与许多大型公司保持非常频繁且紧密的往来。在气候治理决策过程中，经济产业省的利益更多地与经团联、能源密集产业相对一致，而外务省与环境省的利益与决策偏好则相对一致。

本章小结

综本章所述，日本参与全球气候治理的主体主要有官僚机构、政治领导人（主要是政党领导）和工商产业利益集团。这与日本其他外交事务和国内政策的决策的主体基本一致。由于气候变化还是经济（能源）问题，因此在此项国际事务中，经济产业省的利益在更多时候与工商产业集团保

---

① 碳足迹，英文为Carbon Footprint，是指企业机构、活动、产品或个人通过交通运输、食品生产和消费以及各类生产过程等引起的温室气体排放的集合。它描述了一个人的能源意识和行为对自然界产生的影响，号召人们从自我做起节能减排、保护环境。目前，已有部分企业开始践行减少碳足迹的环保理念。

② 社团法人经济同友会：「温室効果ガス排出削減に向けて—カーボンフットプリントの活用と負担の構造改革—」、2018年1月18日。

持一致，同时各官僚集团有合作有冲突。此外，日本的环境非政府组织、非营利组织虽然不是参与全球气候治理的最主要主体，但其参与权和决策权越来越受到重视。

第四章　日本参与全球气候治理的利益诉求与关切

在气候变化国际交涉层面日本经常关注哪些问题，谈判中就哪些问题展开争执？本章试图从国际可持续发展研究所编发的谈判记录中分析日本参与气候治理的谈判情况，明晰日本关注这些问题的原因并将之作为分析日本利益诉求的重要依据。这些一手资料的整理过程是烦琐的，但在烦琐中我们依然可以发现一些规律，或者说是日本的偏好。本章试图分析日本在复杂的谈判过程中高频率关注的一些问题。

第一节　日本对金融及资金问题的关切

一、全球气候变化的资金机制

全球环境基金成立于1991年，是由183个国家和地区组成的国际合作机构，其宗旨是与国际机构、社会团体及私营部门合作，协力解决环境问题。该组织的资金主要来源于各成员国的捐资，旨在通过提供赠款，支持发展中国家开展对全球有益的环境保护活动。全球环境基金每四年为一个增资期，前五个增资期共收到捐资约152.25亿美元，2018年7月进入第七增资期（第六增资期为2014年7月—2018年6月，捐资承诺为44.33亿美元）。

全球环境基金有三种资金分配方式，分别是：因素分配法（即通过增资谈判和理事会审议，确定每一增资期的增资总额及各重点领域的资金分配额度）、国别分配法（即根据各受援国的绩效、实现全球环境效益的潜力和社会经济发展程度等因素确定各受援国可获得的资金支持额度）、项目申报法（即在各国可获得资金额度范围内，全球环境基金对各国通过执行机构申报的项目逐一进行审批）。①

联合国绿色气候基金的提议最早出现在2009年哥本哈根气候大会上，在2010年的坎昆气候大会上最终确定。按照《哥本哈根协议》和《坎昆协议》的要求，发达国家要在2010—2012年出资300亿美元作为快速启动资金，在2013—2020年每年提供1000亿美元的长期资金，用于帮助发展中国家应对气候变化。此后，2011年12月11日，德班气候大会通过决议，启动绿色气候基金，得到广泛关注。②

二、日本对资金管理的态度

日本对资金管理的关切主要体现在全球环境基金方面，在《议定书》缔约方第1次会议时其就对资金的管理表示了强烈的关注，认为全球环境基金不属于《公约》框架下能力建设的议题，并且与美国、加拿大等伞形集团国家一同，希望委托世界银行处理相关融资和资源分配，使该基金可以作为利用其他资源的催化剂。

2005年11月29日在蒙特利尔气候大会上，全球环境基金向缔约方大会提交报告，全球环境基金的代表理查德·霍西尔（Richard Hosier）总结了全球环境基金向缔约方大会提交的报告（FCCC / SBI / 2005/3）。在评论财务问题时，菲律宾代表"77国集团＋中国"，强调了对财务机制有关事项的"严重关切"，质疑全球环境基金理事会是否有权决定世界银行成为合适的基金受托人，或世界银行是否有权建立一个多捐助方信托基金来支付资金，并质疑新的全球环境基金资源分配框架（RAF）是否会提高透明度，称如果不能或使适应基金更难实施。小岛屿国家联盟认为，适应基金应由缔约方大会而不是全球环境基金或世界银行管理。日本表示任何与全球环境基金有关的能力建设的讨论都应列入有关财务机制的议程项目，而不应列入与《公约》有关的能力建设（Capacity building）项目。日本的提

---

① 王爱华、陈明、曹杨：《全球环境基金管理机制的借鉴及启示》，《环境保护》2016年第20期。

② 李宗录：《绿色气候基金融资的正当性标准与创新性来源》，《法学评论》2014年第3期。

议遭到坦桑尼亚、乌拉圭和其他非发达国家的反对。[1]

日本的这种观点有可能是为了方便自身参与全球环境基金的资金管理和分配，以从中获利。这是因为其一，世界银行一直被诟病为美国或西方国家施行有利于它们自己经济政策的执行者，因此往往会按自身利益在并不合适的环境下进行市场经济改革，这对发展中国家的经济反而造成破坏。它更像是一个政治组织，一个发达国家调整国际经济的工具，其目的是掩盖这些国家的政策对世界经济的控制。其二，日本等伞形集团国家不希望全球环境基金的资金过多用于发展中国家的能力建设。能力建设指在气候变化的背景下，发展中国家和转型期经济国家发展技术技能和构建机制的过程，其目的是使它们能够有效地处理气候变化的原因和结果。[2]根据全球环境基金向缔约方提出的报告FCCC/CP/2005/3,[3]能力建设始终是全球环境基金气候变化项目的一个关键要素，全球环境基金执行机构在审查和评估能力建设在全球环境基金项目中的作用时发现，截至2002年6月，全球环境基金对其所有重点领域能力建设活动的支持超过14.6亿美元。全球环境基金在能力建设领域发挥的重要作用得到了缔约方大会的认可。[4]因此，全球环境基金与能力建设以及发展中国家的利益密不可分，日本的反对不利于全球环境基金框架下发展中国家的资金利益。

此外，在2006年的内罗毕气候大会对适应基金及相关文件（FCCC／SBI／2006／MISC.7；FCCC／SBI／2006／MISC.11；FCCC／SBI／2006／MISC.16）进行讨论时，日本、挪威和瑞士表示，全球环境基金最适合管理该基金。菲律宾代表"77国集团＋中国"表示，在决定制度安排之前，

---

[1]　国际可持续发展研究所（IISD）"地球谈判简报"（Earth Bulletin）："COP 11 AND COP/MOP 1 HIGHLIGHTS: TUESDAY, 29 NOVEMBER 2005," Last modified June 25, 2018, http://enb.iisd.org/vol12/enb12282e.html.

[2]　UNFCCC, "Capacity building," Last Modified June 25, 2018, https://unfccc.int/process-and-meetings/the-convention/glossary-of-climate-change-acronyms-and-terms#c.

[3]　"Report of the Global Environment Facility to the Conference of the Parties," 2005年10月20日，"能力建设"项，第50条。

[4]　文件原文为："Capacity Building has always been a Critical Element of GEF Climate Change Projects and more generally in almost all GEF Activities. A review undertaken by the GEF Implementing Agencies to assess the role of Capacity Building in GEF Projects found that GEF Support for Capacity Building Activities in all its focal areas exceeded US\$ 1.46 billion as of June 2002. The important role the GEF plays in the area of Capacity Building was recognized by the Conference of the Parties."

应商定基金的原则、治理结构和方式，并强调基金应对《公约》/《议定书》缔约方大会负责。图瓦卢代表小岛屿国家联盟强调该基金应为最脆弱的发展中国家的适应项目提供全额费用。孟加拉国代表最不发达国家表示，该基金应由清洁发展机制执行理事会等具有各范围代表性的执行机构管理。①

日本认为适应基金最适合被全球环境基金管理，或许因为适应基金同属于资金机制中的谈判范围，然而日本未如"77国集团+中国"的要求呼吁基金应对《公约》/《议定书》缔约方大会负责。日本有此态度或是为了避免自己在《公约》/《议定书》机制中的责任。这种态度是附件一缔约方对发展中国家提及其在《公约》/《议定书》机制中的责任时的一贯处理方式。

从谈判习惯或方式来看，除了潜在的既得利益之外，日本似乎更偏向一种"中规中矩"的谈判模式，在什么主题下就切磋与之相关的议题。例如，在2010年坎昆气候大会上，在进行联合执行议题讨论时，提及了费用问题，欧盟表示愿意讨论确保监委会财务可持续性的方法，并强调监委会透明度的必要性。乌克兰确定需要就拟议费用的水平进行磋商。而日本倾向于关注其他方式，称讨论费用可能会阻碍联合执行的活动。②

三、日本对气候筹资方的态度

日本作为《公约》/《议定书》下的附件一缔约方，需要承担相应的资金责任以帮助非附件一缔约方完成适应、减缓的目标。然而在筹资责任方面，日本与欧盟、美国一道，不断呼吁共同筹资、扩大筹资方范围，并强调私营部门投资的重要性。

（一）希望区分并扩大投资方

在2008年波兹南气候大会12月3日的附属执行机构资金机制联络小组

① 国际可持续发展研究所（IISD）"地球谈判简报"（Earth Bulletin）："COP 12 AND COP/MOP 2 HIGHLIGHTS: WEDNESDAY, 8 NOVEMBER 2006," Last modified June 25, 2018, http://enb.iisd.org/vol12/enb12310e.html。

② 国际可持续发展研究所（IISD）"地球谈判简报"（Earth Bulletin）："CANCUN HIGHLIGHTS THURSDAY, 2 DECEMBER 2010," Last modified June 25, 2018, http://enb.iisd.org/vol12/enb12491e.html。

会议时，在关于共同筹资的讨论中，日本和美国表示，应保留对GEF项目共同筹资重要性的考虑。"77国集团＋中国"不同意并提议提交新文案。①

同会12月5日的AWG-LCA②联络小组会议中，各国就融资的现状分歧进行了表述。AWG-LCA主席邀请参会者评论进一步澄清提案并探讨趋同和差异的领域。欧盟在新西兰和加拿大的支持下表示，任何金融架构都应基于有效性、效率和公平原则。日本建议对提供金融和技术支持的国家进行区分，并与澳大利亚一起支持将重点放在现有的金融结构上。对于日本和澳大利亚的观点，主席则强调，当前的金融危机表明现有机构不起作用。巴西表示，需要新的选择来提供所需的大量资源。美国、挪威和加拿大强调了私营部门的重要性。环境完整性小组要求秘书处以类似于《京都议定书》之下收益分成的方式对提案进行分析工作。③

此外，日本与欧盟、美国立场一致，强调"不断变化的责任"，希望更多国家参与气候变化金融筹资，以减轻自身的筹资压力。

2014年的利马气候大会的一个小组会议上，令最不发达国家感到遗憾的是，关于"鼓励政府发出政策信号"的案文并未涉及气候融资的提供。挪威、瑞士、加拿大和美国建议强调各种来源。

关于不同责任的意见分歧，日本主张鼓励"有能力的所有各方"提供资金，印度和中国反对。哥伦比亚强调《公约》下发达国家的领导权，巴西注意到动员筹资和支持发展中国家之间的文本混淆。埃及寻求明确财务规模，并支持量化的财务目标，以确保可预测性。挪威、欧盟和日本反对事前承诺提供适应和减缓目标所反映的量化支持的进程，欧盟表示这是"红线"。哥伦比亚强调需要补充新的可预测性协议。日本提议删除文本，建议鼓励筹资"定期扩大规模"。欧盟倾向于定期"更新"而不是

---

① 国际可持续发展研究所（IISD）"地球谈判简报"（Earth Bulletin）："COP 14 HIGHLIGHTS, WEDNESDAY, 3 DECEMBER 2008," Last Modified June 25, 2018, http://enb.iisd.org/vol12/enb12388 e.html。

② 特设工作组公约下的长期合作行动。AWG-LCA于2007年在巴厘岛成立，旨在就加强的气候变化国际协议进行谈判。

③ 国际可持续发展研究所（IISD）"地球谈判简报"（Earth Bulletin）："COP 14 HIGHLIGHTS, FRIDAY, 5 DECEMBER 2008," Last Modified June 25, 2018, http://enb.iisd.org/vol12/enb12390 e.html。

"升级"。①

（二）鼓励私营部门参与筹资

2008年波兹南气候大会12月9日AWG-LCA联络小组会议期间，AWG-LCA主席建议重点关注技术开发和转让。美国表示，该问题应被视为更广泛的减缓和适应战略的一部分。澳大利亚建议《联合国气候变化框架公约》应发挥促进作用，重点应放在能力建设及有利于环境和技术的需求上。墨西哥强调南北合作和南南合作。阿根廷提议在《公约》下设立一个新的技术问题附属机构，其中包括战略规划委员会、侧重于不同部门的技术小组和核查小组。日本提议让私营/民间部门参与建立部门分组。墨西哥、中国和土耳其强调了建立开发和转让技术的财务机制的必要性。②

2013年华沙气候大会11月14日上午在关于资金财务的不限成员名额磋商期间，共同主席邀请代表们在2015年协议中考虑气候融资，以实施2020年后的承诺和2020年后的体制安排。

玻利维亚、中国、古巴、厄瓜多尔、科威特、伊朗、尼加拉瓜、沙特阿拉伯、塞拉利昂和委内瑞拉对提议的重点提出质疑，强调在发展中国家没有首先讨论2020年之前融资问题的情况下，议题专注于2020年后的问题会令他们感到不安。大多数缔约方同意2015年协议应以现有机构为基础，并指出需要加强这些机构。此外，许多发展中国家提出如下要求：新的额外的和扩大的财政；公共财政是气候融资的主要来源；可检测、可报告、可核查（MRV）的支持；2015协议中的财务章节具有与协议其他要素相同的法律效力；发达国家财政承诺的总体目标和个别目标；财务路线图，以每年1000亿美元的目标为起点。

一些发达国家强调有利的环境在鼓励资金流动方面的作用。日本和美国强调了激励公共和私人投资的必要性，美国将公共财政确定为最不发达国家的关键，并强调私人融资在中高收入经济体中的作用。美国还指出，

---

① 国际可持续发展研究所（IISD）"地球谈判简报"（Earth Bulletin）："LIMA HIGHLIGHTS WEDNESDAY, 3 DECEMBER 2014," Last Modified June 25, 2018, http://enb.iisd.org/vol12/enb12611e.html。

② 国际可持续发展研究所（IISD）"地球谈判简报"（Earth Bulletin）："COP 14 HIGHLIGHTS TUESDAY, 9 DECEMBER 2008," Last Modified June 25, 2018, http://enb.iisd.org/vol12/enb12392e.html。

2015年协议中具有法律约束力的要素尚未确定。加拿大仅表示公共财政不足以满足最贫困人口的需求。①

华沙气候大会11月20日进行了关于气候变化融资私人融资的高级部长对话。许多发展中国家，包括纳米比亚、刚果（金）和肯尼亚，都强调发达国家提供资金的义务，以及尽快实施的必要性。马拉维代表最不发达国家呼吁就融资途径达成协议，称其中至少应有一半的资金用于适应行动，且将大多数资金用于最不发达国家。斐济代表"77国集团+中国"提出建议：应使财务准备计划可持续，以确保所有缔约方都能获得绿色气候基金，并明确到2020年的融资途径，且将之作为华沙大会的关键可交付成果。

日本与许多发达国家及国际组织，包括加拿大、欧盟、挪威和新西兰，都强调动员私人/私营部门融资，欧盟和瑞士强调有必要在发达国家和发展中国家之间建立伙伴关系。新西兰提议启动华沙有效气候融资平台，主要工作包括：帮助各国确定自己的优先事项；使财务与这些优先事项相一致；支持可以衡量和报告的结果；以简化方式协调财务，并确保公共财政不会"挤出"私营部门的参与。

注意到了解公共财政如何利用私人融资的重要性，世界银行强调了其在跟踪气候融资和发展融资方面取得的进展。而气候行动网络②呼吁制定到2020年的融资路线图，并将至少50%的公共财政分配给适应行动。③

可以看出，日本与以美国为主的伞形集团、欧盟在对待气候变化资金筹集时，都希望扩大筹资方的范围。这种变相的责任分散化、扩大化的趋势促成了"自下而上"模式的逐步形成。而日本鼓励私营部门参与气候变化资金机制，一方面是为了扩大参与范围，减缓政府的财政支出，减轻官方公共筹资的压力，稳定国内政治、财政状态；另一方面或是希望引导企

---

① 国际可持续发展研究所（IISD）"地球谈判简报"（Earth Bulletin）："WARSAW HIGHLIGHTS THURSDAY, 14 NOVEMBER 2013," Last Modified June 25, 2018, http://enb.iisd.org/vol12/enb12587e.html。

② 公约秘书处登记的最大的全球公民团体网络。

③ 国际可持续发展研究所（IISD）"地球谈判简报"（Earth Bulletin）："WARSAW HIGHLIGHTS WEDNESDAY, 20 NOVEMBER 2013," Last Modified June 25, 2018, http://enb.iisd.org/vol12/enb12592e.html。

业从参与气候变化资金机制中获得更大的商机与市场。因为企业的非官方身份可以使之相对进退自如，其获得的经济利益也不会受到来自国际组织、其他缔约方以及非政府组织的过分批评。这也是从侧面为本国产业或商业机构提供参与全球气候治理的机会、扩大本国产业界在国际环保领域的市场的举措。

四、日本对长期及未来资金的态度

自坎昆气候大会决定建立绿色气候基金，并将其作为《联合国气候变化框架公约》下的国际气候领域中的资金运营体以来，其资金来源始终无法落实。发达国家承诺的长期资金是绿色气候基金的主要来源，但其筹资现状却不甚理想，[①] 各国纷纷推卸责任，日本也不例外。

准确来说，长期资金并不能算是一种资金机制，只是有固定期间的筹资模式。根据《哥本哈根协议》和《坎昆协议》、"共同但有区别的责任"及 "公平" 原则，[②] 发达国家（附件一缔约方）承诺2010—2012年向发展中国家提供300亿美元快速启动资金，并到2020年提供达到每年1000亿美元规模的长期资金，以帮助发展中国家应对气候变化，巴黎气候大会将此承诺延长到2025年。

2010年坎昆气候大会上，12月3日召开的《公约》下履行机构能力建设的联络小组会议上，大会共同主席玛丽·詹德（Marie Jaudet，法国）介绍了履行机构的结论草案和缔约方大会的决定草案。在要求全球环境基金增加对发展中国家能力建设活动支持的请求下，欧盟、美国、日本等缔约方建议用 "继续提供资金支持" 的表达方式来代替 "增加"。"77国集团＋中国" 考虑到对能力建设活动的需求日益增加，反对欧美日的提议。各缔约方未达成统一意见，并决定在履行机构下届会议上继续审议该问题和《京都议定书》之下的能力建设议程项目。[③]

---

① 沈绿野、杨璞:《浅析绿色气候基金长期资金的来源模式》,《经济研究导刊》2017年第6期；柴麒敏、安国俊、钟洋:《全球气候基金的发展》,《中国金融》2017年第12期。

② 潘寻:《气候公约资金机制下发达国家出资分摊机制研究》。

③ 国际可持续发展研究所（IISD）"地球谈判简报"（Earth Bulletin）:"CANCUN HIGHLIGHTS FRIDAY, 3 DECEMBER 2010," Last Modified June 25, 2018, http://enb.iisd.org/vol12/enb12492e. html。

在2012年多哈气候大会上，在11月30日举行的在未来资金责任非正式磋商中，各缔约方就2012年后的融资延续性交换了意见。"77国集团＋中国"提出了解决"资金缺口"的提案，包括准确核算融资情况。美国对快速启动融资和2020年财务目标有所妥协，强调AWG-LCA无须作出进一步决定即可完成有关该问题的工作。日本认为，多哈会议没有必要就金融问题作出决定。小岛屿国家联盟与"77国集团＋中国"强调提案旨在为评估2020年财务目标的进展作出贡献。①

多哈大会12月3日的会议上谈及AWG-LCA未来资金问题时，美国、加拿大、澳大利亚和新西兰强调了承认AWG-LCA取得进展的重要性，包括建立各种新的体制安排。日本则感叹发展中国家缺乏对金融进展的认可，包括对快速融资和成立常委会的理解。②

2014年利马气候大会中，12月9日举行的关于气候融资的部长级圆桌会议上，主持人敦促部长们制定一个具体的路线图，以建立一个强大的气候融资架构，并实现各机构之间的一致性。全球环境基金首席执行官兼主席石井直子（日本）认为，气候融资对于全球气候协议和促进实际行动至关重要。她强调了利用资金的潜力，并指出有必要尽可能有效地利用公共资源。③

许多缔约方欢迎最初的绿色气候基金资源调动，其中一些缔约方包括欧盟、德国、西班牙和芬兰，描述了它们对各种气候相关基金的贡献。澳大利亚宣布，将在四年内向绿色气候基金承诺两亿澳元的捐资。比利时宣布将向绿色气候基金捐款5160万欧元，并呼吁绿色气候基金为最不发达国家和脆弱国家的变革活动提供资金。中国表示，必须在利马会议上制定一项到2020年每年募集1000亿美元的路线图。墨西哥建议利用绿色气候基

---

①　国际可持续发展研究所（IISD）"地球谈判简报"（Earth Bulletin）："DOHA HIGHLIGHTS FRIDAY, 30 NOVEMBER 2012," Last Modified June 25, 2018, http://enb.iisd.org/vol12/enb12561e.html。

②　国际可持续发展研究所（IISD）"地球谈判简报"（Earth Bulletin）："DOHA HIGHLIGHTS MONDAY, 3 DECEMBER 2012," Last Modified June 25, 2018, http://enb.iisd.org/vol12/enb12563e.html。

③　国际可持续发展研究所（IISD）"地球谈判简报"（Earth Bulletin）："LIMA HIGHLIGHTS TUESDAY, 9 DECEMBER 2014," Last modified June 25, 2018, http://enb.iisd.org/vol12/enb12616e.html。

金促进技术转让。加拿大支持创新的气候融资，称透明度既适用于捐助者也适用于接受者。日本指出发展中国家需要改善其投资环境。

虽然日本在对待气候出资时经常呈消极态度，或是推卸责任，或是力求扩大出资国家范围，或是暂时搁置不谈，然而如表4-1所示，日本在《公约》缔约25年来对气候资金的出资却在主权国家中仅次于美国，位居第二，远远高于同属伞形集团的加拿大。

如表4-1所示，日本在气候变化资金方面的贡献值得认可。值得注意的是，欧盟整体出资额度高于美国和日本，与出资情况相对应，欧盟和美国在气候谈判中的决定权和话语权也较大。日本虽然是全球气候治理的重要参与者，但与欧盟和美国相比，明显不足以推动谈判的进程与方向。

表4-1 《公约》缔约25年来气候公约各资金机制出资状况（单位：亿美元）

	GEF	AF	LDCF	SCCF	GCF	总计
出资总量	44.36	3.57	9.64	3.50	101.93	163.00
出资国总数	39	12	25	15	31	51
发达国家出资	43.09	3.57	9.62	3.50	101.64	161.42
发达国家个数	24	12	22	15	22	27
发展中国家出资	1.27	——	0.02	——	0.29	1.58
发展中国家个数	15		3		9	24
主要发达国家出资情况						
美国	7.61	——	1.33	0.50	30.00	39.44
日本	7.24	——	——	——	15.00	22.24
德国	5.72	1.72	2.21	1.20	10.03	20.88
英国	3.98	0.16	1.49	0.19	12.11	17.93
法国	3.87	0.13	0.15	——	10.35	14.49
瑞典	1.72	0.76	0.78	0.06	5.81	9.14
意大利	2.02	0.02	0.01	0.10	3.34	5.50
加拿大	2.29	——	0.27	0.13	2.77	5.46

资料来源：潘寻:《气候公约资金机制下发达国家出资分摊机制研究》。

第二节　日本对清洁发展机制的关切

《京都议定书》规定，2008—2012年，主要工业发达国家要将二氧化碳等六种温室气体排放量在1990年的基础上平均减少5.2%，而发展中国家在2012年以前无须承担减排义务。发达国家的减排成本要远远高于发展中国家，发达国家温室气体的减排成本在100美元/tCO$_2$e-q以上，而在中国等大多数发展中国家进行清洁发展机制活动，减排成本可降至20美元/tCO$_2$e-q。[①] 日本在气候谈判中对清洁发展机制的关切或将体现出其减排技术的诉求。

一、《京都议定书》下的清洁发展机制

为了帮助各国实现其减排目标，并鼓励私营部门和发展中国家为减排努力作出贡献，《议定书》为各缔约方制定了减排标准，同时也建立了三个灵活机制，即联合履约、清洁发展机制以及排放贸易。清洁发展机制是指发达国家通过提供资金和技术的方式，与发展中国家开展项目级的合作，通过项目所实现的"经核证的减排量"（CER），履行发达国家缔约方在议定书第三条下的承诺。[②] 每个CER单位相当于一吨二氧化碳。这些CER可以被交易和出售，并被发达国家用来抵消《京都议定书》中的部分减排目标。

（一）清洁发展机制与气候谈判

清洁发展机制在促进可持续发展和减排的同时，也使发达国家在完成减排目标方面有一定的灵活性。清洁发展机制是《公约》框架下适应基金（Adaptation Fund）的主要收入来源，该基金是为了资助《京都议定书》中特别易受气候变化不利影响的发展中国家缔约方的适应项目和方案而设立

[①] 舟丹:《清洁能源机制》,《中外能源》2016年第9期。

[②] UNFCCC, "The Clean Development Mechanism," Last modified June 25, 2018, https://unfccc.int/process-and-meetings/the-kyoto-protocol/mechanisms-under-the-kyoto-protocol/the-clean-development-mechanism.

的。适应基金的资金来源于清洁发展机制对 CER 2% 的征税。^①

在气候大会谈判中关于清洁发展机制经常受关注的问题有以下几个。

第一，清洁发展机制下的重要性标准。^②清洁发展机制执行理事会在其第 56 次会议上审议了采用重要性和保证水平的概念。理事会同意需要就此问题与相关利益攸关方进行磋商，并就这一问题发起呼吁。理事会还讨论了如何在实践中实施清洁发展机制的问题，《议定书》/《公约》缔约方第 5 次会议要求理事会继续更新"清洁发展机制验证和核查手册"（CDM Validation and Verification Manual），包括进一步探讨可能采用的重要性和保证水平概念，并向《议定书》缔约方第 6 次会议（CMP6）报告。理事会第 51 次会议审议了重要性概念及其在清洁发展机制项目活动中的应用影响。理事会同意重新考虑重要性概念的引入及其在未来会议上的使用。^③

第二，清洁发展机制下的基础标准。《议定书》缔约方第 5 次会议（CMP5）要求附属科技咨询机构制定广泛适用的基础标准以及其相关的模式和程序，同时提供高水平的环境完整性并考虑具体的国家情况，并将关于此事项的决定草案提交给《议定书》/《公约》第 6 次缔约方会议。会议要求缔约方、政府间组织和被接纳的非政府组织在 2010 年 3 月 22 日之前就此问题向秘书处提交意见。^④秘书处将这些意见汇编成一份杂项文件，供科技咨询机构第 32 次会议审议。在科技咨询机构第 33 次会议上，主席提出了结论草案，科技咨询机构建议将这些结论中所载的附件纳入将由《议

---

① UNFCCC, "What is the CDM," Last Modified June 25, 2018, http://cdm.unfccc.int/about/index. html.

② 相关会议文件可以参考：Decision -/CMP.7; FCCC/SBSTA/2011/MISC.13; FCCC/SBSTA/ 2011/L.11; FCCC/TP/2011/4; FCCC/SBSTA/2011/MISC.2/Add.1; FCCC/SBSTA/2011/MISC.2; 3/ CMP.6 (paras. 30, 31 and 32); "Inputs Received from the EB 56 Call for Inputs"; "Draft Standard on the Use of the Concept of Materiality and Level of Assurance in the Clean Development Mechanism"; 2/ CMP.5。

③ UNFCCC, "Materiality Standard Under the Clean Development Mechanism," Last Modified June 25, 2018, http://cdm.unfccc.int/about/materiality/index.html.

④ 有以下文件：FCCC/SBSTA/2010/MISC.3/Rev.1 "Views Related to Modalities and Procedures for the Development of Standardized Baselines from the Clean Development Mechanism"; "Can International"; "Climate Action Reserve"; "Climate Net"; "Eurelectric"; "Global Wind Energy Council"; "International Emissions Trading Association (IETA)"; "Transport Research Foundation"; FCCC / SBSTA / 2010 / L.10; FCCC / SBSTA / 2010 / MISC.13; FCCC / SBSTA / 2010 / MISC.13 / Add.1; FCCC / TP / 2010/4。

定书》/《公约》缔约方会议审议的与清洁发展机制有关的决定草案。① 在CMP6上，上述结论草案中的附件被纳入最终决定。②

　　第三，将森林荒地重新造林作为清洁发展机制项目活动的影响。《议定书》/《公约》缔约方会议第2/CMP.4号决定中"关于清洁发展机制的进一步指导"的第42段要求清洁发展机制执行理事会评估将森林土地纳入影响作为植树造林和重新造林清洁发展机制项目的活动的可能性，考虑到技术、方法和法律问题，向《议定书》/《公约》缔约方大会第5次会议报告。《议定书》/《公约》缔约方大会第2/CMP.5号决定中"关于清洁发展机制的进一步指导"的第28段请科技咨询机构评估清洁发展机制执行理事会2008—2009年度报告（FCCC/KP/CMP/2009/16）附件一所载关于"枯竭森林"的建议和影响。该问题的审议工作已在科技咨询机构第32次会议上启动，并在科技咨询机构第42次会议（2015年6月1日至11日，波恩）上决定继续审议。

　　第四，建立新型氢氯氟烃-22（HCFC-22）设施的意义。该问题首先由提交给科技咨询机构的第12/CP.10号决定提出。《议定书》缔约方会议第1次会议在其第8/CMP.1号决定中同意"新的HCFC-22设施"的定义，并且认为对这些设施进行贷记可能导致全球HCFC-22和/或HFC-23增加。直到科技咨询机构第34次会议还未能结束对该问题的审议。③

---

① 文件为：FCCC/SBSTA/2010/L.10。

② 最终文件为：Decision -/CMP.6。

③ 相关文件有：Approved CDM methodology AM0001; Decision 12/CP.10, "Guidance Relating to the Clean Development Mechanism"; FCCC/TP/2005/1, "Technical Paper" FCCC/SBSTA/2005/MISC.10, "Submissions from Parties"; FCCC/SBSTA/2005/INF.8: "Information paper"; FCCC/SBSTA/2005/L.27, "Draft Conclusions Proposed by the Chair"; Decision 8/CMP.1: "Implications of the Establishment of New hydrochlorofluorocarbon-22 (HCFC-22) Facilities Seeking to Obtain Certified Emission Reductions for the Destruction of Hydrofluorocarbon-23 (HFC-23)"; FCCC/SBSTA/2006/L.15: "Draft Conclusions Proposed by the Chair"; FCCC/SBSTA/2006/MISC.11; FCCC/SBSTA/2006/11Report of the 25th SBSTA; Decision XIX/6; FCCC/SBSTA/2007/L.8: "Draft Conclusions Proposed by the Chair"; FCCC/SBSTA/2007/MISC.17: "Submissions from Parties"; FCCC/SBSTA/2007/16: "Report of the 27th SBSTA"; FCCC/SBSTA/2007/L.13: "Draft Conclusions by the Chair"; FCCC/SBSTA/2008/L.2: "Draft Conclusions by the Chair"; FCCC/SBSTA/2008/13: "Report of the 29th SBSTA"; FCCC/SBSTA/2009/3: "Report of the 30th SBSTA"; "MOP 21 Report of the Montreal Protocol on Substances that Deplete the Ozone Layer"; "MOP 21 Draft Decisions and Proposed Amendments to the Montreal Protocol on Substances that Deplete the Ozone Layer"; FCCC/

第五，对小规模造林和再造林清洁发展机制项目活动的限制可能发生变化的影响。《议定书》/《公约》缔约方会议 1 / CMP.2 号决定（第 27 段）要求科技咨询机构在第 26 次会议上审议缔约方、政府间组织和非政府组织关于用于小规模造林和再造林清洁发展机制项目活动可能改变的所设限额影响的意见，意见将被提交给秘书处。科技咨询机构第 27 次会议审议了这些意见并同意《议定书》/《公约》缔约方会议修订第 5 / CMP.1 号决定附件第 1（i）段所述清洁发展机制下的小规模造林和再造林项目活动的限额，大致内容如下：[①]

"清洁发展机制之下的小规模造林和再造林项目活动"预期将导致每年人均温室气体净排放量低于 16000tCO$_2$-eq，该项目由东道主确定，低收入团体和个体制定或实施。如果清洁发展机制下的小规模造林或再造林项目活动导致人为温室气体净排放量每年超过 16000tCO$_2$-eq，则超出的排放量将不符合发放临时 CER 或长期 CER 的资格。

第六，将碳捕集与封存作为 CDM 项目。碳捕集与封存是一种将工业和能源排放源产生的二氧化碳进行收集、运输并安全存储到某处使其长期与大气隔离的过程。CCS 主要由捕集、运输、封存三个环节组成。[②] 该问题最早在附属科学和技术咨询机构第 24 次会议关于二氧化碳捕集与封存的会

SBSTA/2009/8: "Report of the 31st SBSTA"; FCCC/SBSTA/2010/L.5: "Draft Conclusions by the Chair"; "MOP 22 Report of the Montreal Protocol Report of the Twenty-Second Meeting of the Parties to the Montreal Protocol on Substances that Deplete the Ozone Layer"; FCCC/TP/2011/2: "Technical Paper"; FCCC/SBSTA/2011/L.6: "Draft Conclusions Proposed by the Chair"; FCCC/SBSTA/2011/5: "Draft Conclusions Proposed by the Chair"; FCCC/SBSTA/2012/5: "Draft Conclusions Proposed by the Chair".

① UNFCCC, "Implications of Possible Changes to the Limit Established for Small-Scale Afforestation and Reforestation CDM Project Activities - SBSTA Agenda Item 9(b)," Last Modified June 25, 2018, https://cdm.unfccc.int/about/limitations/index.html.

② 赵卉、刘永祺：《二氧化碳捕获和存储作为清洁发展机制项目的潜力与障碍分析》，《四川环境》2008 年第 2 期。

期研讨会中提出，^① 最终在德班气候大会上第 10 / CMP.7 号决定中通过。

第七，关于清洁发展机制的市场。自 2005 年清洁发展机制项目实施以来，中国、巴西、印度和韩国作为清洁发展机制的主要供应国，占全球清洁发展机制市场的 80%，中国与印度尤为突出。

（二）清洁发展机制的管理

清洁发展机制的参与机制和主体主要有 CMP、清洁发展机制下的指定经营实体（DOE）、指定的国家主管部门，以及 CDM 执行理事会（CDM Executive Board）。^②

CMP 代表《议定书》《公约》缔约方，有以下对 CDM 制定规则的权力：决定执行理事会提出的建议；指定经执行理事会临时认可的经营实体。^③参加清洁发展机制的缔约方应指定清洁发展机制的国家主管部门。拟议的清洁发展机制项目活动的登记只能在每个缔约方的指定国家主管部门获得批准函后才能进行，包括东道缔约方确认有助于实现可持续发展的项目活动。

清洁发展机制下的指定经营实体是各国国内法律实体或由清洁发展机制执行理事会认可和指定的国际组织，它有两个关键功能：第一，指定经营实体验证并要求注册拟议的清洁发展机制项目活动；第二，指定经营实体验证已注册的清洁发展机制项目活动的减排量，酌情进行认证，并要求理事会相应地发布经核证的减排量。

清洁发展机制执行理事会是清洁发展机制项目参与方的最终联络点，

---

① 相关提交文件有：FCCC/SBSTA/2012/L.21, "Draft Conclusions Proposed by the Chair"; FCCC/SBSTA/2012/MISC.12, "Submissions from Parties, Intergovernmental Organizations and Admitted Observer Organizations"; FCCC/SBSTA/2012/MISC.12/Add.1, "Submissions from Parties, Intergovernmental Organizations and Admitted Observer Organizations"; FCCC/TP/2012/9, "Technical Paper on Transboundary Carbon Capture and Storage Project Activities"; FCCC/SBSTA/2012/MISC.8/Add.2; FCCC/SBSTA/2012/MISC.8/Add.1; FCCC/SBSTA/2012/MISC.8; FCCC/SBSTA/2011/MISC.10; FCCC/SBSTA/2011/MISC.11; FCCC/SBSTA/2011/INF.7; FCCC/SBSTA/2011/INF.14; FCCC/SBSTA/2011/4; Decision 7/CMP.6; FCCC/SBSTA/2010/L.11, "Draft Conclusions Proposed by the Chair"; FCCC/SBSTA/2010/MISC.2/Add.1; FCCC/SBSTA/2010/MISC.2; Decision 2/CMP.5; FCCC/SBSTA/2009/8; EB 50, Annex 11; EB 50, Annex 1; EB 49, Annex 4 to the Agenda Annotations (8 September 2009) - Expert's Recommendation on CCS；等等。

② UNFCCC, "CDM Governance," Last Modified June 25, 2018, http://cdm.unfccc.int/EB/governance.html.

③ 《议定书》/《公约》缔约方大会关于清洁发展机制的职能载于 3 / CMP.1 附件，第 2—4 段。

用于项目登记和核证减排量的发布。理事会由方法小组（Methodologies Panel）、认证小组（Accreditation Panel）、注册和发行团队（Registration and Issuance Team）、造林与再造林工作组（Afforestation and Reforestation Working Group）、二氧化碳捕集与封存工作组（Carbon Dioxide Capture and Storage WG）组成。

清洁发展机制项目有严格的周期流程，如图4-1所示，需要经过项目设计、参与项目的国家批准、运营实体认证、执行理事会注册、项目参与者（国家）监测、指定的运营实体再次验证等流程，最后由执行理事会发布结果。

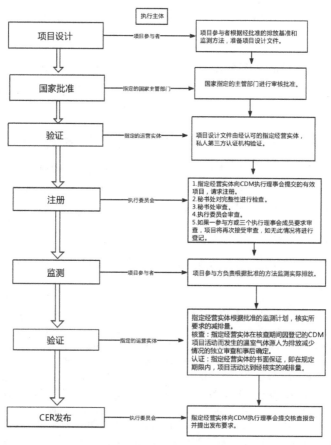

图4-1 CDM项目周期

资料来源：作者根据官方发布文件自制，UNFCCC, CDM Project Cycle，http://cdm.unfccc.int/Projects/diagram.html。

二、日本对清洁发展机制的关注

日本对《议定书》下的CDM这一灵活机制相对来说关注度较高。具体表现如下。

（一）希望CCS被纳入CDM之下

2005年蒙特利尔气候大会上，在12月1日的CDM执行理事会报告会议中，该联络小组的第一次会议侧重于确定和澄清该小组应解决的问题。该小组决定考虑CDM的一般实施问题，包括快速启动项目的注册截止日期、环境完整性、2012年后CDM的连续性、与非京都缔约方实体的合作以及技术转让。日本表示，CCS技术不应被排除在CDM之外，巴西要求就此问题提供蒙特利尔气候大会指南。[①]

2006年内罗毕气候大会11月9日的会议中，各缔约方就CDM问题进行讨论。时任肯尼亚总统齐贝吉介绍了CDM的相关文件（FCCC / KP / CMP / 2006/3，FCCC / KP / CMP / 2006/4，Corr.1和Add.1，以及FCCC / KP / CMP / 2006 / MISCs.1-2）。清洁发展机制执行理事会主席报告说，过去一年中CDM的使用显著增长，并概述了新政策和改进的进展情况，指出董事会已加强其执行角色。

"77国集团＋中国"、欧盟和其他一些国家都强调需要更公平地分配清洁发展机制项目，特别是在非洲。欧盟敦促通过不断改进董事会的运作提高决策的透明度并完善监督的机制，在CDM最新的增长基础上再接再厉。巴西提议建立一个支持董事会的咨询小组。

日本表示，内罗毕气候大会应同意将CCS作为CDM项目。挪威、沙特阿拉伯、科威特、阿联酋和伊朗支持日本的观点。然而，小岛屿国家联盟表示关注CCS作为CDM项目的技术存在许多不确定性，并提出警告，如果可能产生漏洞，就不应扩大清洁发展机制。阿根廷允许在海底地质构

[①] 国际可持续发展研究所（IISD）"地球谈判简报"（Earth Bulletin）："COP 11 AND COP/ MOP 1 HIGHLIGHTS: THURSDAY, 1 DECEMBER 2005," Last Modified June 25, 2018, http://enb. iisd.org/vol12/enb12284e.html。

造中使用CCS。中国敦促加快批准方法并注重能效。①

次日的会议上，各缔约方就CCS问题进行了专门会议，秘书处向代表们简要介绍了科技咨询机构举行的CCS的研讨会。缔约方讨论了各种与技术、法律以及海洋有关的问题。巴西和印度尼西亚注意到需要充分解决技术和操作问题，特别是持久性和泄漏问题，因此反对CCS的早期应用。欧盟承认CCS是一系列减缓方案的一部分，但与其他方面一起表达了对海洋储存的严重关切。加拿大表示，CCS是减缓的关键选择，可以作为低碳世界的桥梁，日本提议推进CCS的实施。科威特和埃及支持CCS作为CDM下的考虑。②

2007年巴厘气候大会12月4日的会议上，各缔约方对CCS是否该纳入CDM再次展开讨论。秘书处报告了以下文件：FCCC / SBSTA / 2007 / MISC.18和Adds.1-2。日本、巴基斯坦、科威特、挪威等国家支持将CCS纳入CDM，而密克罗尼西亚联邦、图瓦卢、牙买加、印度、巴西、塞内加尔等国家反对。③

2008年波兹南气候大会12月2日的会议中，在FCCC / SBSTA / 2008 / INFs.1等文件对CCS做了介绍之后，沙特阿拉伯、挪威、欧盟、日本等缔约方支持包括有CCS的CDM。牙买加、委内瑞拉和密克罗尼西亚联邦指出，尽管CCS具有潜力，但尚未经过充分测试或证实。巴西则坚决反对，表示CCS与CDM没有"相容性"。④

同年12月10日的会议上，CDM下的CCS再次被讨论，共同主席沃兰斯基（Wollansky）报告说，缔约方已经考虑了两个备选方案，但这些差异

① 国际可持续发展研究所（IISD）"地球谈判简报"（Earth Bulletin）："COP 12 AND COP/ MOP 2 HIGHLIGHTS: THURSDAY, 9 NOVEMBER 2006," Last Modified June 25, 2018, http://enb. iisd.org/vol12/enb12311e.html。

② 国际可持续发展研究所（IISD）"地球谈判简报"（Earth Bulletin）："COP 12 AND COP/ MOP 2 HIGHLIGHTS: FRIDAY, 10 NOVEMBER 2006," Last Modified June 25, 2018, http://enb.iisd. org/vol12/enb12312e.html。

③ 国际可持续发展研究所（IISD）"地球谈判简报"（Earth Bulletin）："COP 13 AND COP/ MOP 3 HIGHLIGHTS: TUESDAY, 4 DECEMBER 2007," Last Modified June 25, 2018, http://enb.iisd. org/vol12/enb12345e.html。

④ 国际可持续发展研究所（IISD）"地球谈判简报"（Earth Bulletin）："COP 14 HIGHLIGHTS: TUESDAY, 2 DECEMBER 2008," Last Modified June 25, 2018, http://enb.iisd.org/vol12/enb12387e. html。

仍然存在。因此将会把案文转交给《公约》/《议定书》缔约方会议及科技咨询机构会议。缔约方通过了简短的结论草案（FCCC / SBSTA / 2008 / L.21）。此事项将在科技咨询机构第30次会议上讨论。日本、欧盟、沙特阿拉伯、澳大利亚、挪威坚持以往的观点，对尚未达成协议表示遗憾。牙买加指出CCS技术尚未成熟。巴西强调了在CDM中对长期永久性和东道国负债的关切。[①]

2009年哥本哈根气候大会12月8日的会议上，格林纳达代表小岛屿国家联盟敦促科技咨询机构编写缔约方大会关于减少毁林和森林退化所致排放量（REDD）的决定草案。澳大利亚代表伞形集团强调了清洁发展机制下的REDD和CCS。瑞典、欧盟、印度尼西亚、塞拉利昂、菲律宾和赞比亚都要求附属科技咨询机构优先考虑REDD。

在清洁发展机制下的CCS专门小组会议中，巴西、巴拉圭、格林纳达、小岛屿国家联盟暂时反对在CDM下的CCS，而澳大利亚、日本、沙特阿拉伯、科威特和欧盟支持将其纳入。卡塔尔等国表示CCS应该在哥本哈根气候大会上获得批准。大会主席提议举行非正式磋商。[②]

次日（12月9日）的会议中，日本、沙特阿拉伯、阿尔及利亚、阿拉伯联合酋长国、叙利亚、尼日利亚、利比亚等国家强调了将CCS纳入CDM的重要性。格林纳达和图瓦卢依然表示反对。巴西表示，CCS对于应对气候变化非常重要，但反对将其纳入清洁发展机制，强调其非永久性和环境完整性。厄瓜多尔质疑CCS是否会为东道国带来可持续发展效益。韩国也呼吁对CCS采取谨慎态度。[③]

2008年在日本洞爷湖八国峰会上，CCS被认为是减轻全球变暖的政策任务，各国就CCS示范和传播达成了政治高层协议。欧盟及气候谈判伞形

---

① 国际可持续发展研究所（IISD）"地球谈判简报"（Earth Bulletin）："COP 14 HIGHLIGHTS: WEDNESDAY, 10 DECEMBER 2008," Last Modified June 25, 2018, http://enb.iisd.org/vol12/ enb12393e.html。

② 国际可持续发展研究所（IISD）"地球谈判简报"（Earth Bulletin）："COPENHAGEN HIGHLIGHTS: TUESDAY, 8 DECEMBER 2009," Last Modified June 25, 2018, http://enb.iisd.org/ vol12/enb12450e.html。

③ 国际可持续发展研究所（IISD）"地球谈判简报"（Earth Bulletin）："COPENHAGEN HIGHLIGHTS: WEDNESDAY, 9 DECEMBER 2009," Last Modified June 25, 2018, http://enb.iisd.org/ vol12/enb12451e.html。

集团主要国家都支持发展CCS。

2011年德班会议终于将CCS纳入CDM下。CCS技术是否在CDM下可行，与政治因素、经济因素、社会因素、应用程序[①]、使用成本、利用环境[②]等都有很大的关系。日本的有识之士认为，受到2011年福岛核事故的影响，应该更慎重地对CCS项目的实验加以考虑。[③]2012年，日本准备在北海道苫小牧对CCS项目进行大规模技术实验以确保安全性。与此同时，CCS项目资金的筹备也是日本面临的问题，日本或会考虑通过国际资金筹集来投资CCS项目。在2012年4月的内阁会议上，日本通过了"第四次环境基本计划"，计划称"日本的目标是到2020年左右实现CCS技术商业化"，并期望在2016财年正式开始北海道苫小牧的CCS项目。日本经济产业省在2013年召开第一次关于CCS项目的专家座谈会时，也决定到2020年实现CCS商业化，并作出相关投资预算。[④]由此可见，虽然日本对CCS项目的实验尚未取得完全安全验证，但在"商业化"的目标面前其依然动力十足。而鼓励将CCS纳入CDM下不仅有利于日本实现减排目标，更是为日本环保产业开拓了国际化市场。

（二）希望CDM谈判与其他责任分开

日本在涉及CDM的谈判时，希望CDM的讨论能与涉及日本履行责任的讨论分开。2005年蒙特利尔气候大会上，在12月1日涉及《京都议定书》能力建设的讨论时，共同主席解释说，联络小组将就两项决定草案开展工作，一项针对发展中国家，另一项针对经济转型国家。日本表示，讨论应侧重于第3／CP.7号决定规定的框架。"77国集团＋中国"强调了CDM的能力建设。日本表示，这应该在CDM联络小组中考虑。南非则强调能力建

---

① Bakker S, Coninck H. D. and Groenenberg H., "Progress on Including CCS Projects in the CDM: Insights on Increased Awareness, Market Potential and Baseline Methodologies," *Energy Procedia*, Vol.4, No.2, 2010, p.321.

② Eto R., Murata A., Uchiyama Y. and Okajima K., "Co-benefits of Including CCS Projects in the CDM in India's Power Sector," *Energy Policy*, Vol.58, No. C, 2013, p.260.

③ IEEJ：田中琢実、「二酸化炭素回収・貯留（CCS）のCDM化手続を京都議定書締約国会合で採択」、2012年2月。

④ 経済産業省・地球環境連携・技術室、会議資料1：「CCSの現状について」、2013年, http://www.meti.go.jp/committee/kenkyukai/energy_environment.html#ccs_kondankai，访问日期：2019年2月13日。

设是一个贯穿各领域的问题。①

2010年坎昆气候大会期间，12月2日的CDM讨论会上，共同主席卡尔沃·布恩迪亚（Calvo Buendía）介绍了各方根据缔约方大会和CDM执行理事会报告准备的问题清单，并邀请各方考虑清单，在必要时提出补充建议。缔约方开始审议清单上的第一个问题，涉及继续提供清洁发展机制的承诺。共同主席布恩迪亚注意到对CDM延续的普遍支持，并询问是否有异议。中国和巴西强调，除非《京都议定书》继续下去，否则CDM不能继续，并表示继续实施CDM需要建立《京都议定书》第二承诺期。共同主席指出，继续执行《京都议定书》的问题超出了联络小组的职权范围，联络小组需要考虑向清洁发展机制执行理事会提供有关清洁发展机制治理的指导。日本、沙特阿拉伯和其他国家集团也反对联络小组就有关继续执行《京都议定书》的问题进行讨论。②

（三）其他关切点

2006年内罗毕气候大会上，11月10日在谈及CDM与市场问题时，法国电力集团（Electricite De France）表示，应以平衡的方式将市场方法与其他政策和措施结合起来。欧盟排放交易计划（ETS）需要更长的承诺。南非国家电力公司（Eskom）强调非洲的电气化需求、电气化在支撑经济增长中的作用以及以创新方式吸引市场的必要性。欧盟强调其作为一个整体可能会超过其《京都议定书》的减排目标；ETS将允许它以一半的成本实现这些目标，并将ETS和其他限额与交易系统联系起来。日本敦促市场机制与各种其他努力同时实施，并将国家能效水平与国家特定排放上限联系起来。气候行动网络表示，碳市场投资者应为可持续发展作出贡献。③荷兰突出了其近期的市场营销工作。奥地利询问如何使用基于市场的机制

① 国际可持续发展研究所（IISD）"地球谈判简报"（Earth Bulletin）："COP 11 AND COP/MOP 1 HIGHLIGHTS: THURSDAY, 1 DECEMBER 2005," Last Modified June 25, 2018, http://enb.iisd.org/vol12/enb12284e.html。

② 国际可持续发展研究所（IISD）"地球谈判简报"（Earth Bulletin）："CANCUN HIGHLIGHTS: THURSDAY, 2 DECEMBER 2010," Last Modified June 25, 2018, http://enb.iisd.org/vol12/enb12491e.html。

③ 国际可持续发展研究所（IISD）"地球谈判简报"（Earth Bulletin）："COP 12 AND COP/MOP 2 HIGHLIGHTS: FRIDAY, 10 NOVEMBER 2006," Last Modified June 25, 2018, http://enb.iisd.org/vol12/enb12312e.html。

解决运输排放问题。西班牙强调在公平和灵活方法的基础上更广泛地参与CDM。

2007年巴厘气候大会上，12月6日再次涉及CCS与CDM的联络小组会议上，拉登斯基主席建议联络小组重点关注在《议定书》/《公约》缔约方大会第4次会议上作出决定的进程。他注意到政策和技术问题，并建议在非正式磋商期间侧重于政策问题。日本强调了现有知识以及技术的重要性。加拿大表示，清洁发展机制执行理事会的任务是解决技术问题，并强调长期责任。[①]

从日本的关注点，我们可以较为清晰地分析出日本对CDM的诉求。日本希望CDM可以实现商业最大化，并且不希望CDM与其《议定书》《公约》框架下的责任有过多联系。

三、日本参与CDM项目的经验

日本主持或者参与的已经注册的CDM项目，其减排量最多的项目大多与其他附件一缔约方合作，中国、印度、巴西是日本减排量最主要的CDM项目供应国。

到2013年，在日本参与的所有已经批准的项目中，大型项目有366项，小型项目230项，既有与其他附件一缔约方国家合作的项目，也有作为单独附件一缔约方国家与某一单独发展中国家开展的双边项目，合作开发项目最多年减排量为10,437,249tCO$_2$-eq。

日本参与支持，主办国为中国的项目有351项，其中大型项目有250项；主办国为印度的项目有30项，其中大型项目有14项；主办国为巴西的项目为29项，其中大型项目有19项；主办国为马来西亚的项目有8项，其中大型项目有5项；主办国为韩国的项目有8项，其中大型项目有5项；主办国为越南的项目有16项，其中大型项目有6项。[②] 表4-2为日本参与CDM中减排量最多的项目。

---

① 国际可持续发展研究所（IISD）"地球谈判简报"（Earth Bulletin）："COP 13 AND COP/MOP 3 HIGHLIGHTS: THURSDAY, 6 DECEMBER 2007," Last Modified June 25, 2018, http://enb.iisd.org/vol12/enb12347e.html。

② 作者根据CDM项目官方统计数据库数据统计得出。

表4-2　2005—2015年日本参与CDM项目（按减排量排序，前10）

日期	项目名称	主办国	附件一缔约方国家	方法	减少量（吨）	编号
2006年8月8日	中国江苏省常熟市常熟3F中昊新化学材料有限公司HFC-23分解项目	中国	加拿大、荷兰、意大利、丹麦、芬兰、法国、瑞典、德国、大不列颠及北爱尔兰联合王国、瑞士、日本、挪威、西班牙	AM0001-3	10,437,249	0306
2006年3月13日	山东东岳HFC-23分解项目	中国	瑞士、日本、大不列颠及北爱尔兰联合王国	AM0001-3	10,110,117	0232
2005年11月27日	韩国昂山的N_2O减排	韩国	瑞士、日本、荷兰、大不列颠及北爱尔兰联合王国、法国	AM0021	9,150,000	0099
2006年1月4日	江苏省美兰化工有限公司HFC-23热氧化温室气体减排项目	中国	加拿大、荷兰、意大利、丹麦、芬兰、法国、瑞典、德国、大不列颠及北爱尔兰联合王国、瑞士、日本、挪威、西班牙	AM0001-3	8,411,432	0011
2012年12月26日	基劳水力发电厂	巴西	日本	ACM000-13	6,180,620	9226
2005年12月25日	巴西帕利尼N_2O减排	巴西	瑞士、日本、荷兰、大不列颠及北爱尔兰联合王国、法国	AM0021	5,961,165	0116
2006年3月3日	中国浙江巨化股份有限公司HFC-23分解项目	中国	日本	AM0001-3	5,789,682	0193
2007年9月14日	中国Fluoro HF-C23在中国的减排项目	中国	瑞士、日本、大不列颠及北爱尔兰联合王国	AM0001-5	4,248,092	1194

续表

日期	项目名称	主办国	附件一缔约方国家	方法	减少量（吨）	编号
2009年4月22日	晋城四合煤矿瓦斯发电项目	中国	荷兰、芬兰、法国、瑞典、德国、大不列颠及北爱尔兰联合王国、日本、挪威	ACM0008-3	3,016,714	1896
2005年3月8日	印度古吉拉特邦HFC-23热氧化减少温室气体排放项目	印度	瑞士、日本、荷兰、意大利、大不列颠及北爱尔兰联合王国	AM0001-2	3,000,000	0001

资料来源：作者根据CDM项目官方统计数据库数据自制，部分公司名称为作者音译，UNFCCC, http://cdm.unfccc.int/Projects/projsearch.html。

注：1. 方法：AM——大规模；ACM——综合方法；AMS——小规模。

2. 减少量：估计的每年二氧化碳减排当量。

CDM项目的实施需要大量资金，这些资金一般来自以下方面：第一类是国际开发银行的借款、无偿捐助、贷款等；第二类是主办国的政府财政补助；第三类是金融、物资出口；第四类是从主办方或是出资方的银行贷款；第五类是私营部门的投资。日本在使用第一类来源的资金时特别注意不将这些政府出资与ODA资金混淆；对于日本所支持的主办国在使用第二类来源的资金时，日本主张合理利用与分配；在使用第三类资金来源时，日本鼓励输出本国的机械、装备等，并且一般要通过国际协力银行（JBIC）或者日本贸易振兴机构（JETRO）向主办国进行有偿贷款。[①] 值得一提的是，日本特别注重鼓励支持私营部门投资CDM项目。

日本要利用京都机制完成《议定书》第一承诺期的减排任务，合理地利用CDM机制十分重要。据研究，日本要完成京都目标，每年需利用CDM获得2000万吨CO_2的CER，按此计算2008—2012年，在《议定书》第一个承诺期总计可获得约1亿吨CO_2的CER，以抵消《京都议定书》的减排目标。而在2006—2008年，京都第一承诺期开始之前，日本新能源产

---

① 吉高まり：「CDM事業の資金調達における炭素クレジットの活用」、三菱証券クリーン・エネルギー・ファイナンス委員会、2017年報告。

业的技术综合开发机构（NEDO，The New Energy and Industrial Technology Development Organization）就已签订了约2500万吨CER的CDM项目合同。[①]

此外，日本政府鼓励企业积极利用CDM实现减排。[②] 1997年日本经团联通过了环境自主行动计划，提出了到2010年时CO_2排放量要低于1990年的目标。在国内减排困难，难以实现目标的情况下，政府鼓励企业灵活运用京都机制完成目标。[③] 2007年时，日本产业部门的CO_2排放量是4.3亿吨，约为日本国内整体能源排放量的40%。[④] 根据环境自主行动计划的调查统计结果，日本电力部门预计到2012年将用CDM获得1.9亿吨CO_2的CER，钢铁部门会获得5900万吨。

然而日本的CDM项目的实施也面临许多令人担忧的问题。例如，海外非政府组织和其他团体、机构以及学者指出部分CDM项目可能会造成环境和社会问题。换句话说，一些CDM项目质量不高，对发展中国家的可持续发展没有贡献。日本有识之士指出，随着CDM的扩展，需要进一步对其加强质量把控以减少不可靠的项目，同时必须避免在没有经过适当检验和审查的情况下扩大CDM规模。此外，发达国家的政府和企业可以通过清洁发展机制购买温室气体碳信用，因此可能会避免优先考虑实施国内相关项目。[⑤]

总之，从日本对CDM的关切和参与CDM项目的成果来看，日本确实十分重视京都机制下的CDM，这不仅因为CDM项目可以帮助本国完成《议定书》的减排目标，广泛推广CDM项目也能使日本相关产业打开海外市场，可输出的不仅有相关减排技术、科技，还有如机械、设备类的产品。以环保为名的项目开发更容易获得主办国的好感，使主办国在情感上

---

① 新エネルギー・産業技術総合開発機構（NEDO）：平成20年度京都メカニズムクレジット取得事業の結果について，プレスリリース2009年4月1日、NEDO京都メカニズム事業推進部2009年報告。

② 小坏一久・水野勇史：「クリーン開発メカニズム (CDM) の仕組みと現状」、『廃棄物資源循環学会誌』，Vol. 20, No. 4, pp. 149-157，2009年。

③ 日本経済団体連合会：環境自主行動計画〈温暖化対策編〉2008年度フォローアップ結果、概要版（2007年度実績）、2008年11月18日。

④ 環境省：2007（平成19）年度の温室効果ガス排出量（確定値）について，2009年。

⑤ 足立治郎：「クリーン開発メカニズム（CDM）/国際協力」、「環境・持続社会」研究センター（JACSES）、2009年。

更容易接受。日本参与CDM项目可谓是国内国外利益兼顾，名誉和利益双收。

第三节 日本对技术转让与知识产权的关切

关于气候有益知识产权的争论一直在发展中国家和发达国家之间激烈进行。日本是气候治理的重要参与者，是附件一缔约方中的重要国家之一，从其谈判态度中可以看出日本对技术转让和知识产权的关切度颇高。

一、气候变化背景下技术转让的困境

在《联合国气候变化框架公约》框架下，与气候有益相关的技术转让、知识产权问题一直是发展中国家关注的焦点，但同样其也是发达国家不愿提及与触碰的"禁区"。[①]虽然《联合国气候变化框架公约》《京都议定书》以及《巴黎协定》都涉及了与气候变化有关的技术转让问题，但都没有明确的责任要求和约束力。而发达国家主导的谈判体系，最终导致《巴黎协定》公约正文、引用甚至注解都不能提及"知识产权"这个敏感词。[②]

《联合国气候变化框架公约》中与技术支持和转让有关的部分主要集中体现在条约第4条第1款的（c），具体内容为：[③]

> 在所有有关部门，包括能源、运输、工业、农业、林业和废物管理部门，促进和合作发展、应用和传播(包括转让)各种用来控制、减少或防止《蒙特利尔议定书》未予管制的温室气体的人为排放的技术、做法和过程。

《京都议定书》中与技术支持和转让相关的部分主要集中体现在条约第10条（c）（d）（e）款项，具体内容如下：[④]

---

① 郝敏：《〈巴黎协定〉后气候有益技术的知识产权前景探析》，《知识产权》2017年第3期。
② 同上。
③ 联合国：《联合国气候变化框架公约》，1992。
④ 联合国：《〈联合国气候变化框架公约〉京都议定书》，1998。

（c）合作促进有效方式用以开发、应用和传播与气候变化有关的有益于环境的技术、专有技术、做法和过程，并采取一切实际步骤促进、便利和酌情资助将此类技术、专有技术、做法和过程特别转让给发展中国家或使它们有机会获得，包括制订政策和方案，以便利有效转让公有或公共支配的有益于环境的技术，并为私有部门创造有利环境以促进和增进转让和获得有益于环境的技术；

（d）在科学技术研究方面进行合作，促进维持和发展有系统的观测系统并发展数据库，以减少与气候系统相关的不确定性、气候变化的不利影响和各种应对战略的经济和社会后果，并促进发展和加强本国能力以参与国际及政府间关于研究和系统观测方面的努力、方案和网络，同时考虑到《公约》第五条；

（e）在国际一级合并并酌情利用现有机构，促进拟订和实施教育及培训方案，包括加强本国能力建设，特别是加强人才和机构能力、交流或调派人员培训这一领域的专家，尤其是培训发展中国家的专家，并在国家一级促进公众意识和促进公众获得有关气候变化的信息。应发展适当方式通过《公约》的相关机构实施这些活动，同时考虑到《公约》第六条。

《巴黎协定》中关于技术支持与转让的部分主要集中体现在第10条，具体内容如下：[1]

一、缔约方共有一个长期愿景，即必须充分落实技术开发和转让，以改善对气候变化的复原力和减少温室气体排放。

二、注意到技术对于执行本协定下的减缓和适应行动的重要性，并认识到现有的技术部署和推广工作，缔约方应加强技术开发和转让方面的合作行动。

---

[1] 联合国：《巴黎协定》，2015。

三、《公约》下设立的技术机制应为本协定服务。

四、兹建立一个技术框架，为技术机制在促进和便利技术开发和转让的强化行动方面的工作提供总体指导，以实现本条第一款所述的长期愿景，支持本协定的履行。

五、加快、鼓励和扶持创新，对有效、长期的全球应对气候变化，以及促进经济增长和可持续发展至关重要。应对这种努力酌情提供支助，包括由技术机制和由《公约》资金机制通过资金手段提供支助，以便采取协作性方法开展研究和开发，以及便利获得技术，特别是在技术周期的早期阶段便利发展中国家缔约方获得技术。

六、应向发展中国家缔约方提供支助，包括提供资金支助，以执行本条，包括在技术周期不同阶段的技术开发和转让方面加强合作行动，从而在支助减缓和适应之间实现平衡。第十四条提及的全球盘点应考虑为发展中国家缔约方的技术开发和转让提供支助方面的现有信息。

一直以来美国等伞形集团国家一致反对在气候公约谈判中具体讨论知识产权问题，近年来欧盟谈判态度也由缓和转向消极。[1] 美国等发达国家在强调现行知识产权国际保护制度合理性的同时，还着重说明了非知识产权因素才是影响发展中国家应对气候变化的根本所在。[2] 导致技术转让与知识产权的谈判议题被搁置、争执甚至一度陷入僵局，成为敏感议题的因素主要有三点：一是作为知识产权既得利益者的发达国家一直以来主导、维持全球知识产权体系中并不断扩大在其中的话语权；二是随着新兴经济体技术的发展，绿色产业的利益之争在全球范围内愈演愈烈；三是发达国家和以新兴经济体为主的发展中国家在气候变化知识产权问题上的信任危

---

[1] John Hilary, "There Is No EU Solution to Climate Change as Long as TTIP Exists," The Independent, December 7, 2015, Last Modified June 25, 2018, http://www.independent.co.uk/voices/there-is-no-eu-solution-to-climate-change-as-long-as-ttip-exists-a6763641.html.

[2] 王鸿：《气候变化背景下的知识产权国际保护之争》，《河海大学学报（哲学社会科学版）》2016年第5期。

机加剧。[①]

一方面，大多数发展中国家认为，现有的知识产权制度阻碍了气候有益技术的广泛扩散，知识产权的保护力度在气候有益技术领域应适当放宽或调整。另一方面，发达国家则以"气候有益技术相关的知识产权归私营企业所有，政府无权干涉"为借口，逃避它们在气候有益技术转让中的国际义务和减排的历史责任。

学术界在这方面的研究也尚未达成共识，一些学者基于发展中国家实际案例研究认为，气候有益专利技术的知识产权保护阻碍了发展中国家减排技术的发展。他们指出，发达国家和发展中国家在拥有量上存在显著的不平衡，这增加了发展中国家企业在引进技术时的成本，加剧了发达国家和发展中国家在技术转让问题方面的不对等地位，极大地削弱了发展中国家企业获取核心先进技术的能力。[②] 另一方面，一些学者认为知识产权促进了气候有益技术向发展中国家转让。他们指出：强而有力的知识产权保护制度为激励发达国家企业向发展中国家企业转让技术提供了制度保障，有助于技术的创新和传播。[③]

二、日本对技术转让及知识产权的态度

2005年蒙特利尔气候大会上，在11月29日科技咨询机构会议上，日本和美国强调技术方面公私伙伴关系的作用，许多缔约方强调了与技术相

---

① 蒋佳妮、王灿:《全球气候谈判中的知识产权问题——进展、趋势及中国应对》,《国际展望》2016年第2期。

② Watal Jayashree, "The TRIPS Agreement and Developing Countries," *The Journal of World Intellectual Property*, Vol. 1, No. 2, 1998, pp. 281-307; Hutchison Cameron J, "Does TRIPS Facilitate or Impede Climate Change Technology Transfer into Developing Countries?" *Social Science Electronic Publishing*, 2007 (2); Glenna L L, Cahoy D R, Kleiner A M, et al. "Agribusiness Concentration, Intellectual Property, and the Prospects for Rural Economic Benefits from the Emerging Biofuel Economy," *Southern Rural Sociology*, Vol. 24, No. 2, 2009, pp. 111-129; Keith E Maskus, and J. H. Reichman, "The Globalization of Private Knowledge Goods and the Privatization of Global Public Goods," *Journal of International Economic Law*, Vol. 7, No. 2, 2004, pp. 279-320.

③ Hoekman Bernard M, K. E. Maskus, and K. Saggi. "Transfer of Technology to Developing Countries: Unilateral and Multilateral Policy Options," *World Development*, Vol. 33, No. 10, 2005, pp. 1587-1602; 夏先良:《新能源技术转让需要强健的知识产权保护》,《中国能源》2012年第10期。

关的其他举措。中国强调需要克服税收、知识产权和其他障碍。^① 11月30
日在技术转让相关的讨论中，美国、欧盟和日本支持采用拟议的技术转让
专家组（EGTT）2006年工作计划，而马来西亚和加纳代表"77国集团＋
中国"发言，建议增加一些内容，即侧重讨论关于公有领域公有技术和技
术转让的问题，以及举行相关主题的高级别圆桌会议。^②

2006年内罗毕气候大会，在11月6日涉及技术转让的会议上，EGTT
主席伯纳德·马津（Bernard Mazijn，比利时）报告了EGTT的工作和年度
报告。加纳代表"77国集团＋中国"强调了技术转让基金和适应技术，而
美国则对此类基金表示担忧。韩国、澳大利亚、瑞士、欧盟和其他国家集
团支持继续进行EGTT。日本表示，技术需求评估（TNAs）应被视为发展
中国家可持续发展战略的一个组成部分。中国呼吁建立技术转让融资的多
边机制。乌干达强调，谈判是关于《公约》下的技术转让，而不在市场之
下，并指出CDM不涉及技术转让。^③

11月7日，在关于附件一缔约方的排放趋势和减缓潜力的讨论中，《联
合国气候变化框架公约》秘书处注意到附件一缔约方的排放量增加，强调
了土地利用、土地利用变化和林业对某些缔约方排放情况的重要性，并强
调了运输中排放量的高增长率。西村（Mutsuyoshi Nishimura）强调了日本
的能源效率以及排放与GDP增长之间的脱钩。他强调了除市场以外，政策
和措施（机制）对推动技术创新的重要性。^④

11月9日，共同主席罗斯兰向联络小组提交了结论草案，商定在科技
咨询机构第26届会议之前召开第二次研讨会的必要性之后，讨论的重点转

① 国际可持续发展研究所（IISD）"地球谈判简报"（Earth Bulletin）："COP 11 AND COP/
MOP 1 HIGHLIGHTS: TUESDAY, 29 NOVEMBER 2005," Last Modified June 25, 2018, http://enb.iisd.
org/vol12/enb12282e.html。

② 国际可持续发展研究所（IISD）"地球谈判简报"（Earth Bulletin）："COP 11 AND COP/
MOP 1 HIGHLIGHTS: WEDNESDAY, 30 NOVEMBER 2005," Last Modified June 25, 2018, http://enb.
iisd.org/vol12/enb12283e.html。

③ 国际可持续发展研究所（IISD）"地球谈判简报"（Earth Bulletin）："COP 12 AND COP/
MOP 2 HIGHLIGHTS: MONDAY, 6 NOVEMBER 2006," Last Modified June 25, 2018, http://enb.iisd.
org/vol12/enb12308e.html。

④ 国际可持续发展研究所（IISD）"地球谈判简报"（Earth Bulletin）："COP 12 AND COP/
MOP 2 HIGHLIGHTS: TUESDAY, 7 NOVEMBER 2006," Last Modified June 25, 2018, http://enb.iisd.
org/vol12/enb12309e.html。

向"77国集团+中国"的提议，该提议建议重点关注政策方法和积极奖励措施，并在完善这些措施后，查看相关的技术问题和数据需求。日本和英国发言，强调了解决技术和方法问题的重要性。美国强调技术问题的明确性，加拿大对于秘书处编写关于共同要素和可能方法之间的背景文件表示关注。①

11月16日，以可持续方式推进发展目标为主题的小组谈判上，南非概述了通过可持续发展政策和应对气候变化的措施实现共同利益的步骤，举例说明了住房项目中的节能建筑技术，称其可以减少排放并改善贫困人口的生活质量。并且强调需要创新的融资机制来支持气候行动。韩国提醒各缔约方，《公约》的目标（第2条）包括对生态系统的影响，这些影响正在增加。印度将其低人均排放量归因于较低的碳排放路径，强调可持续消费和生产、技术转让和能力建设。美国强调将气候变化纳入更广泛的议程，包括能源和粮食安全以及空气污染，而不仅仅是发展和减贫。日本强调了国内行动在促进技术转让方面的作用。缔约方同意秘书处编制一份与气候有关的资金流动分析。②

在2007年巴厘气候大会上，在12月3日技术转让的小组谈判中，秘书处介绍了背景文件（FCCC / SBSTA / 2007/11，FCCC / SBSTA / 2007/13和Add.1，以及FCCC / TP / 2007/3）。许多缔约方强调了技术转让的重要性，并且愿意在本届会议上达成协议。澳大利亚、日本、美国、瑞士和加拿大强调了技术转让专家组的工作会持续到2012年。欧盟提到重组机构作为智库的作用，并表示其致力于提供财政支持。美国宣布与气候技术倡议（CTI）合作，向私人融资咨询网络（PFAN）承诺提供50万美元资金支持。"77国集团+中国"呼吁建立新的技术转让机构和金融机制，衡量进展的指标和解决产权问题。乌干达询问由《公约》第4.5条（技术转让）而特别转让或开发了多少技术。中国注意到技术锁定，强调了技术转让的紧迫性，技术转让基金、公共和私营部门之间的合作以及考虑气候保护和知识

---

① 国际可持续发展研究所（IISD）"地球谈判简报"（Earth Bulletin）："COP 12 AND COP/MOP 2 HIGHLIGHTS: THURSDAY, 9 NOVEMBER 2006," Last Modified June 25, 2018, http://enb. iisd.org/vol12/enb12311e.html。

② 同上。

产权的必要性。①

在12月4日技术转让的小组谈判中，加纳、"77国集团+中国"呼吁建立一个技术转让联络小组。注意到科技咨询机构正在进行的讨论，加拿大、日本和美国提议举行非正式对话并在科技咨询机构第28次会议上设立一个联络小组。印度呼吁审查《公约》下的技术转让，并开展全球对话。②

在12月5日关于技术转让的谈判中，欧盟报告了在英国举行的非正式会议，以便就重组机构的制度安排、绩效指标的制定和融资资源找到共同点。美国、日本、加拿大、欧盟和澳大利亚赞赏技术转让专家组的工作并支持其继续进行。加纳、"77国集团+中国"强调科学咨询机构建立技术转让联络小组的重要性。澳大利亚指出，缔约方可以自由地在联络小组中提出建议，但只有科技咨询机构才能将案文转发给履行机构。③

在12月11日技术转让议题闭幕会全体会议上，"77国集团+中国"、印度、欧盟、加纳、阿尔及利亚、中国、澳大利亚、美国、加拿大、日本、印度尼西亚和其他国家集团强调了技术转让的重要性，并对没有达成任何协议表示遗憾。④

在12月13日的讨论中，与会者被要求讨论加速技术转让的方法，并关注技术类型或可用技术。马尔代夫、乌干达和一些国家代表强调了能力建设与技术转让之间的联系。菲律宾强调取消不正当奖励措施、修改知识产权制度以及南南合作。英国强调加强私营部门的参与。日本强调了对能源部门的公共研究和开发投资、可再生能源补贴以及知识产权保护。印度强调了使现有技术适合发展中国家的挑战。世界可持续发展工商理事会

① 国际可持续发展研究所（IISD）"地球谈判简报"（Earth Bulletin）："COP 13 AND COP/MOP 3 HIGHLIGHTS: MONDAY, 3 DECEMBER 2007," Last Modified June 25, 2018, http://enb.iisd.org/vol12/enb12344e.html。

② 国际可持续发展研究所（IISD）"地球谈判简报"（Earth Bulletin）："COP 13 AND COP/MOP 3 HIGHLIGHTS: TUESDAY, 4 DECEMBER 2007," Last Modified June 25, 2018, http://enb.iisd.org/vol12/enb12345e.html。

③ 国际可持续发展研究所（IISD）"地球谈判简报"（Earth Bulletin）："COP 13 AND COP/MOP 3 HIGHLIGHTS: WEDNESDAY, 5 DECEMBER 2007," Last Modified June 25, 2018, http://enb.iisd.org/vol12/enb12346e.html。

④ 国际可持续发展研究所（IISD）"地球谈判简报"（Earth Bulletin）："COP 13 AND COP/MOP 3 HIGHLIGHTS: TUESDAY, 11 DECEMBER 2007," Last Modified June 25, 2018, http://enb.iisd.org/vol12/enb12351e.html。

（WBCSD）强调了到2050年生活方式和消费模式所需将会大规模转型。美国表示，知识产权体现在其宪法中，并鼓励创新。①

在2008年波兹南气候大会上，12月5日在关于共享愿景的联络小组会议期间，AWG-LCA副主席邀请代表们就共享愿景的报告文件发表意见，重点关注指导原则、范围和目标。哥斯达黎加代表"77国集团+中国"表示，应对气候变化的努力不应受到当前金融危机的影响，必须将适应和减缓作为平等优先事项加以解决，发达国家应主要在国内进行深度减排，并应在可持续发展的背景下考虑适合发展中国家的减缓行动。冰岛提请注意气候变化的社会层面，同时考虑性别因素和社会各阶层的参与。美国注意到最近的经济情况和各国不断发展的减排能力。日本强调了创新技术的核心作用。②

在12月6日AWG-LCA技术研究与开发研讨会上，日本吸取了以往谈判的"经验教训"，建议由发达国家主导，适当地将技术转移到发展中国家，从而采取减缓行动。澳大利亚呼吁发达经济体采取有效政策，实现长期全球目标。印度尼西亚强调发达国家需要进一步削减开支，并表示发展中国家必须实施可持续发展战略。马来西亚强调，发展中国家的减缓应该在经济发展的背景下进行。埃及支持所有国家的努力。南非强调了国家利益相关方就适合本国的减缓问题进行的磋商。菲律宾的条件是为发展中国家适合本国的减缓行动提供资金。关于MRV（"可衡量，可报告和可核实"）原则，日本强调有必要提高发展中国家的目标质量。欧盟解释说，发展中国家的报告应该更频繁，并且应该以国际指导为基础，在现有经验的基础上进行国际核查。③

12月9日提供技术和资金AWG-LCA联络小组会议期间，AWG-LCA

① 国际可持续发展研究所（IISD）"地球谈判简报"（Earth Bulletin）："COP 13 AND COP/MOP 3 HIGHLIGHTS: THURSDAY, 13 DECEMBER 2007," Last Modified June 25, 2018, http://enb.iisd.org/vol12/enb12353e.html。

② 国际可持续发展研究所（IISD）"地球谈判简报"（Earth Bulletin): "COP 14 HIGHLIGHTS FRIDAY, 5 DECEMBER 2008," Last Modified June 25, 2018, http://enb.iisd.org/vol12/enb12390e.html。

③ 国际可持续发展研究所（IISD）"地球谈判简报"（Earth Bulletin）："COP 14 HIGHLIGHS SATURDAY, 6 DECEMBER 2008," Last Modified June 25, 2018, http://enb.iisd.org/vol12/enb12391e.html。

主席建议重点关注技术开发和转让。美国表示，该问题应被视为更广泛的减缓和适应战略的一部分。澳大利亚建议《公约》应发挥促进作用，重点应放在能力建设、有利环境和技术需求上。墨西哥强调南北合作和南南合作。阿根廷提议在《公约》下设立新的技术问题附属机构，其中包括战略规划委员会、侧重于不同职责的技术小组和核查小组。日本提议让私营/民间部门参与建立部门分组。墨西哥、中国和土耳其强调了建立开发和转让技术的财务机制的必要性。印度、欧盟和冰岛联盟强调需要加强区域能力。①

在2013年华沙气候大会11月14日德班增强行动平台特设工作组（ADP）会议上，各缔约方就气候变化技术问题展开讨论。各方同意向观察员开放所有不限成员名额的磋商。共同主席邀请各方集中讨论技术开发和转让如何反映在2015年后的协议和制度安排中。马来西亚代表"77国集团＋中国"强调技术开发和转让是发展中国家实现低排放的关键，并呼吁确定具体数额、时间表和资金来源，以加强现有的报告制度。委内瑞拉感到遗憾的是缺乏资金支持。②

埃及、最不发达国家、中国和其他国家集团呼吁在GCF中建立专门的技术转让专项。巴基斯坦代表最不发达国家要求制订关于技术支持的工作计划，并与中国、厄瓜多尔和其他国家集团一起要求消除包括与知识产权有关的障碍。印度和巴基斯坦强调知识产权融资。最不发达国家、中国和其他国家集团代表表示，GCF可以为知识产权问题提供专门的窗口。日本反对上述国家对知识产权提出的意见。③

在11月20日ADP不限成员名额的磋商中，澳大利亚建议重点关注共同领域，包括国家决定的承诺与国家商定的规则、透明度、适应的优先顺序。日本和加拿大再次强调：反对提及知识产权相关事宜。冈比亚和印度

---

① 国际可持续发展研究所（IISD）"地球谈判简报"（Earth Bulletin）："COP 14 HIGHLIGHT TUESDAY, 9 DECEMBER 2008," Last Modified June 25, 2018, http://enb.iisd.org/vol12/enb12392e.html。

② 国际可持续发展研究所（IISD）"地球谈判简报"（Earth Bulletin）："WARSAW HIGHLIGHTS Thursday, 14 NOVEMBER 2013," Last Modified June 25, 2018, http://enb.iisd.org/vol12/enb12587e.html。

③ 同上。

尼西亚代表最不发达国家呼吁制订2014年的工作计划。①

　　美国表示共同领域包括：该协议符合《公约》的原则，适用于所有组织、国家的承诺。瑞士强调所有国际商定的规则都是由国家共同确定的减缓行动。欧盟强调要考虑的因素有2℃的减排目标、适用于所有国家、市场机制与合规。菲律宾呼吁关注2020年之前的雄心计划，制定可行的项目和2014年的议程，包括支持目标和附件一缔约方的减缓目标。②

　　在2014年利马气候大会12月5日关于行动和透明度的谈判中，阿根廷与图瓦卢一起代表最不发达国家就MRV的范围提出警告呼吁，不要带有减缓措施的偏见。最不发达国家呼吁在减缓和支持之间实现更大的平等。新西兰和日本敦促提高所提供和收到的支持的透明度。瑞士强调了适应报告的必要性。③

　　12月6日的会议中，在关于推进德班增强行动平台的决定草案的主题讨论中，各方结束了关于推进ADP决定的草案的讨论。各缔约方讨论了关于ADP第二工作小组的内容：2020年之前的工作目标、加强行动合作、未来工作以及高级别谈判的议程。④

　　美国和瑞士、欧盟强调，第二工作小组的重点仍应放在减缓上。中国与约旦一道，建议关注如何增加国际支持以加强行动。澳大利亚呼吁承认各种来源对发展中国家的支持。许多缔约方认为技术专家会议（TEM）作用明显并支持其继续。瑙鲁代表小岛屿国家联盟强调减缓的雄心，并提出发达国家要注重提高技术支持。其范围应包括：更新的技术文件、新的技术政策、行动的共同利益、实施障碍和克服这些障碍的战略以及综合意见。约旦、萨尔瓦多和中国一起表示，技术专家会议应该专注于减缓和适应的机会。挪威与瑞士合作，支持技术专家会议专注于减缓，例如化

　　① 国际可持续发展研究所（IISD）"地球谈判简报"（Earth Bulletin）："WARSAW HIGHLIGHTS: WEDNESDAY, 20 NOVEMBER 2013," Last Modified June 25, 2018, http://enb.iisd.org/vol12/enb12592e.html。

　　② 同上。

　　③ 国际可持续发展研究所（IISD）"地球谈判简报"（Earth Bulletin）："LIMA HIGHLIGHTS: FRIDAY, 5 DECEMBER 2014," Last Modified June 25, 2018, http://enb.iisd.org/vol12/enb12613e.html。

　　④ 国际可持续发展研究所（IISD）"地球谈判简报"（Earth Bulletin）："LIMA HIGHLIGHTS: SATURDAY, 6 DECEMBER 2014," Last Modified June 25, 2018, http://enb.iisd.org/vol12/enb12614e.html。

石燃料补贴改革，并与哥伦比亚一起呼吁承认全球经济和气候委员会的工作。①

日本建议加强与现有机构的联系，包括技术转让信息交换所（TT：CLEAR）和气候技术中心与网络（CTCN）。挪威强调了技术执行委员会和气候技术中心与网络在组织TEM中的作用。萨尔瓦多建议与适应委员会和适应基金建立更密切的联系。新西兰同意日本的意见。印度、沙特阿拉伯和阿根廷要求提供技术支持。马里代表非洲集团提出建议，要求发达国家提供技术综合摘要，以便为本国部长们提供信息。小岛屿国家联盟要求在2017年之前对TEM进行审查，以期改进。加拿大支持在适当的时候进行审查。瑞士赞成在2016年或2017年进行审查。②

三、原因分析

从上述日本在气候大会谈判中对知识产权的态度可以看出：日本对知识产权和技术转让十分关切，分毫必争。其不仅同美国、欧盟一起避讳相关方面的责任，更是在发展中国家强调技术转让的时候坚决反对。日本这种谈判态度主要有以下原因。

首先，随着减排技术的多样化和快速发展，日本认为自身在技术转让及知识产权上的相关责任在逐渐减弱。有研究认为低碳环保技术多种多样，既有低成本减排技术，也有高成本减排技术。就单位减排成本来看，受知识产权保护的技术成本不一定比不受知识产权保护的高。减排成本高的原因并不一定是知识产权，也有可能是技术不成熟。发展中国家可以选择受知识产权保护的技术实现低成本减排。③

就数量而言，1998—2008年，全世界约有215,000件专利申请。在这些申请里发展中国家申请的数量约为22,000件。这十年间的后四年和前四年相比，全世界专利件数增加了120%，其中发展中国家约增加了550%。

---

① 国际可持续发展研究所（IISD）"地球谈判简报"（Earth Bulletin）："LIMA HIGHLIGHTS: SATURDAY, 6 DECEMBER 2014," Last Modified June 25, 2018, http://enb.iisd.org/vol12/enb12614e.html。

② 同上。

③ 田上麻衣子、「知的財産権は気候変動に係る技術移転の障壁か？」、『特許研究』、2009年9月、第87頁。

与太阳能、燃料电池相关的专利申请占上述专利数量的80%。此外，发展中国家分新兴经济体国家与发展落后的低收入国家，二者之间的差距远大于发达国家和新兴发展中国家的差距。新兴经济体国家的专利保护率为99.4%，发展落后的低收入国家仅为0.6%。[①]

其次，日本认为应从承担技术转让减排责任中获得利益，特别是日本企业帮助政府肩负起相应责任，同时也应从技术专利中获得利益。而严格的国际标准和国家间追求各自利益，或使日本企业感到在技术转让中无论是"付出"部分还是"得到"部分都显得没有吸引力。[②]

鉴于日本被要求对技术和资金支持进行报告、加强，以及履行发展低碳技术和提高贷款资金支持的义务，且履行这种义务需要很大一笔资金，因此有必要建立一种以公共资金为主导动员私人资金的机制。[③]

虽然日本在GCF和GEF的出资很高，日本企业的减排技术在世界上也处于领先水平，但日本企业并不能对其轻易地灵活使用。例如，CDM机制的审核流程时间过长、效率不高并且约束力较强，相对降低了日本企业的海外技术推广效率，因此，日本在CDM机制外，在考虑双边JCM（Joint Crediting Mechanism）机制以确保技术推广效率化、精准化。JCM促进领先的低碳技术、产品、系统、服务和基础设施的传播以及减缓行动的实施，并有助于发展中国家的可持续发展。[④] 如图4-2日本与东道国之间的JCM计划所示，它通过应用可测量、可报告和可验证方法，以定量的方式适当评估对日本温室气体减排量或清除量的贡献，并将其用于实现日本的减排目标。JCM机制有助于实现《公约》框架下的最终减排目标，促进全球温室气体排放量减少，并对CDM进行补充。如表4-3所示，截至2017

---

① 田上麻衣子、「知的財産権は気候変動に係る技術移転の障壁か?」、『特許研究』、2009年9月、第87頁。

② 田中加奈子、松橋隆治、山田興一：「低炭素社会の実現に向けた技術および経済・社会の定量的シナリオに基づくイノベーション政策立案のための提案—気候変動緩和技術の海外移転の促進」、独立行政法人・科学技術振興機構 低炭素社会戦略センター、平成25年11月。

③ 本部和彦、「気候変動交渉と技術移転メカニズム -- COP21とパリ協定における技術の役割（特集『パリ協定』後の気候変動対応）」、『アジ研ワールド・トレンド』、2016年3月、第16頁。

④ JCM HOME: "Basic Concept of the JCM," Last Modified June 25, 2018, https://www.jcm.go.jp/about.

年1月，日本与其他国家集团签署了多份JCM双边文件。JCM在一定程度上免去了联合国气候变化公约的审核和束缚。双边条约更为高效和灵活，使日本企业可以拥有更多的技术转让空间，这种国家间机制促进了日本企业的海外技术和产品推广。[①]

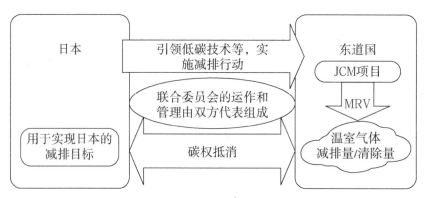

图4-2　日本与东道国之间的JCM计划

资料来源：JCM HOME，https://www.jcm.go.jp。

表4-3　JCM合作伙伴国家

签订时间及双边国家	
2013年1月8日蒙古国—日本	2014年1月13日帕劳—日本
2013年3月19日孟加拉国—日本	2014年4月11日柬埔寨—日本
2013年5月27日埃塞俄比亚—日本	2014年7月25日墨西哥—日本
2013年6月12日肯尼亚—日本	2015年5月13日沙特阿拉伯—日本
2013年6月29日马尔代夫—日本	2015年5月26日智利—日本
2013年7月2日越南—日本	2015年9月16日缅甸—日本
2013年8月7日老挝—日本	2015年11月19日泰国—日本
2013年8月26日印度尼西亚—日本	2017年1月12日菲律宾—日本
2013年12月9日哥斯达黎加—日本	

资料来源：JCM HOME，https://www.jcm.go.jp。

---

①　大森正之ゼミナール技術移転班：「二国間クレジットを利用した技術移転による地球温暖化対策～発電技術の移転で日本の削減目標の達成に貢献する～」，http://www.kisc.meiji.ac.jp/~omorizem/files/16_gijyutu.pdf，访问日期：2019年2月3日。

　　日本在参与全球气候治理减排技术方面处于领先地位，这其中虽然有为全球气候变化作贡献的原因，也是为了经济发展。日本政府和学者鼓励产学官之间相互合作探索技术发展路径，认为政府部门须为这些研究提供充足资金，日本作为检验和普及世界先进技术的国家，必须灵活运用能源供求系统，[①] 同时要积极促进日本先进节能减排有益技术的海外推广和利用。[②] 换而言之，日本需要靠企业作出技术转移的国际贡献，也需要靠企业的收益来弥补其全球气候治理国际贡献，特别是政治贡献带来的"亏损"。

　　最后，日本认为其在国际社会的贡献并未得到所期待的认可。日本强调发展中国家同发达国家的责任相同，这里的"相同"并不是指减排数量相同，而是参与机会均等。[③] 日本要求执行严格的MRV标准以使日本对气候变化的贡献度明晰化。日本政府表示各国根据国内情况提出自己决定的削减目标和政策措施，通过共同的可衡量、可报告和可核实的有助于提高气候变化制度透明度的流程和制度在事前、事后互相对照，以及提高各国减缓行动的透明性对于提高减排信心是很重要的。日本和美国、欧盟一起强调MRV的重要性，无非是希望自己作的贡献有据可依、有据可查，同时这样还可以使非附件一缔约方国家明确减排目标，扩大减排责任，以分担发达国家的历史减排责任。日本等发达国家要求发展中国家，特别是新兴经济体平等参与全球气候治理，扩大减排责任，另一方面或是考虑这样做能使这些国家更切实地体会到减排的成本和代价，正视附件一缔约方的减排贡献。

---

　　① 　本部和彦、「気候変動交渉と技術移転メカニズム -- COP21 とパリ協定における技術の役割（特集『パリ協定』後の気候変動対応）」、2016年3月。

　　② 　田中加奈子、松橋隆治、山田興一：「低炭素社会の実現に向けた技術および経済・社会の定量的シナリオに基づくイノベーション政策立案のための提案—気候変動緩和技術の海外移転の促進」。

　　③ 　中山喬志、「知的財産権と環境—知的財産制度への挑戦を自主的に解決するには」、『特許研究』、2010年9月、第1頁。

第四节　日本对政治大国的考虑

日本在气候谈判中虽然未强调要争取气候治理领导力，但并不能忽视其希望通过全球气候治理获得政治利益的目的。日本希望在全球环境事务这一非传统安全领域内获得国际话语权，展现大国能力，获得国际地位。

首先，日本政府高度重视环境ODA，希望通过ODA的贡献在国际社会中获得良好的名誉。不论在泡沫经济崩溃后，还是在对经济萧条已成定局的悲观失望中，日本政府都相对积极地支持环保活动。这充分表明，日本发展环境保护，已不仅仅是一般意义上彰显国际责任感的经济行为，而是追求环境战略功能的政治行为。[①] 日本以联合国框架为主要平台推进气候治理，寻求国际环境领域的主导地位和话语权。日本前首相竹下登认为，"在地球环境问题上发挥主导作用才是日本为国际社会作贡献的主要内容"。[②] 在1992年的联合国环境与发展大会上，日本承诺今后五年内为地球环保事业提供900亿—100亿日元的资金支持，到2000年将二氧化碳的排放量稳定在1990年的水平上。[③]

在1997年的联合国环境与发展大会特别会议、联合国气候框架会议和2002年的联合国环境与发展大会上，日本分别提出"面向世纪的环境开发援助构想""京都倡议"和"为了可持续发展的环境保护构想"，阐述其环保政策理念。尽管小泉纯一郎离任之后日本首相更迭频繁，但日本政府仍相继提出"美丽地球50构想""凉爽地球推进构想""鸠山倡议"等环境援助政策，特别是"鸠山倡议"提出了有条件的环境援助。[④]

其次，日本依靠气候治理实现政治大国的目标归根结底离不开企业的支持。企业帮助政府实现气候治理的海外扩展，使日本在全球气候治理中

---

① 屈彩云：《经济政治化：日本环境援助的战略性推进、诉求及效应》，《日本学刊》2013年第6期。

② 田中明彦：《环境外交是日本最后的王牌》，《中央公论》1992年2月，转引自林晓光《日本政府的环境外交》，《日本学刊》1994年第1期。

③ 林晓光：《日本政府的环境外交》，《日本学刊》1994年第1期。

④ 屈彩云：《经济政治化：日本环境援助的战略性推进、诉求及效应》，《日本学刊》2013年第6期。

获得领导权。例如，日本气候领导者伙伴关系（Japan-CLP）是一家在日本成立的独立企业集团，其建立的背景是认识到日本企业在气候变暖的大背景下正处于危机之中，应该积极主动地致力于实现可持续的脱碳社会。该组织引领日本企业和产业致力于向可持续的脱碳社会过渡，建立与政策制定者、行业、公民等对话的论坛，作为公司的商机和以后的发展机会。[①]如前文所述，日本经济同友会是低碳环保企业的领导者。在这些商业组织的积极推进下，以及在经团联、经济产业省的领导与支持下，日本企业逐渐成为有规模的、积极的气候治理者，甚至在国际舞台上的影响力可以与日本政府相提并论。

最后，日本的领导力更多是在亚洲区域体现出来，而其在全球层面上依然没有成为真正的领导者。从举办ECO ASIA会议（如第二章所述）、环境ODA、参与气候治理的机制等行为中可以看出，日本的领导力更多地在亚洲区域内得以施展。而就全球层面来看，由于欧盟的减排力度和减排承诺一直保持先进水平，因此在全球气候治理中其一直处于领导者的地位；美国虽然未在《京都议定书》上签字，又一度退出《巴黎协定》，但是并未放弃全球气候治理的参与权和主导权。日本的减排能力和减排信心都不如欧盟，并在很大程度上顾及美国的考虑，因此其始终无法掌握国际气候谈判的步伐。

20世纪90年代初以来，日本与亚洲地区的环境合作已经成为该国整体国际环境外交的重要组成部分。从经济和安全角度来看，日本在这方面发挥领导作用是非常具有战略性的。事实上，在环境外交的背景下，日本自20世纪90年代初以来的区域性努力比其在更广泛的国际舞台上的努力更为突出。一些亚洲国家可能只是觉得日本有责任成为亚洲环境保护的主要贡献者。日本在地区层面的合作努力也面临各种形式的外部压力。日本在这一区域环境外交的主要内容包括与中国和韩国等邻国的定期对话、对亚洲国家更大力度的环境官方发展援助，以及发展和大力支持一些区域政府间论坛和研究。[②]

---

① Japan-CLP, Last Modified June 25, 2018, https://japan-clp.jp/index.php/japanclp.

② Jeff Graham, "Japan's Regional Environmental Leadership," *Asian Studies Review*, Vol.28, No.3, 2004, pp.283-302.

总体来看，日本希望在全球气候治理中获得领导地位，也确实形成了部分影响力。日本是气候基金出资大国、环境ODA大国、减排技术先进大国。日本凭借这些有利的因素获得了相应的声誉，但值得注意和思考的是，日本始终是重要的参与国，而并非真正的领导者。日本并没有强调自己在全球气候治理中的领导权，其在气候治理中的领导力也确实有限，但值得肯定的是日本一直在为气候治理作贡献，并为自己带来了良好的声誉，这是日本软实力的体现，可以帮助日本扩大全球气候治理的话语权。

本章小结

本章根据国际可持续发展研究所（IISD）编发的"地球谈判简报"（Earth Bulletin），即联合国气候变化大会的谈判记录，梳理了日本从《京都议定书》生效至巴黎大会在参与全球气候治理中的利益诉求。从中可以发现，日本在COP谈判中十分关注经济利益，并且希望发展中国家（非附件一缔约方）承担更多的责任。

日本是气候资金机制的出资大国，但是日本并不是一味地"花钱"，还很注重"赚钱"。为了获得更多的经济利益，日本不仅参与《议定书》下的CDM这一多边机制，更是积极主导JCM这一灵活的双边机制进行技术等的对外输出，从而更有效地拓展日本"绿色"技术的海外市场。此外，日本特别注意气候有益知识产权的保护，这甚至成为日本谈判中不可逾越的"红线"。

第五章　日本参与全球气候治理的变化趋势与原因分析

本章主要基于前面四章的分析，来考察在《京都议定书》生效之后至巴黎大会日本参与全球气候治理的过程中是否存在相对变化。日本的经济发展与温室气体排放是否有必然联系?《京都议定书》对日本是否具有绝对约束力或者说是否能促进日本自主减排? 日本为什么拒绝《议定书》第二承诺期? 日本在参与全球气候治理的过程中相对变化的过程中哪些立场是相对不变的? 解答这些问题会清晰且全面地帮助回答本书导论所提出的问题。

第一节　日本的减排趋势

日本的减排趋势与经济水平的联系是影响其参与气候治理态度的关键因素之一。近年来日本大力振兴经济，安倍首相第二次执政以来提出"安倍经济学"。在政治经济因素的影响下，日本的减排趋势不断发生变化。

一、减排与经济发展是否脱钩?

由于自然资源不足，日本长期依赖进口能源。在参与全球气候治理的过程中，日本认识到自身是能源依赖型国家，因此着力发展节能减排技术，且该技术处于世界领先地位。[①] 在2006年内罗毕气候大会上，日本外务省主管地球环境问题的特命全权大使西村六善（Mutsuyoshi Nishimura）曾经表示，日本的能源效率及排放与GDP脱钩，并强调能源政策机制对推

---

① 毕珍珍:《日本的"氢能源基本战略"与全球气候治理》,《国际论坛》2019年第2期。

动减排技术发展的重要性。[①]

然而从图5-1日本温室气体（GHG）排放量与GDP关系图中可以看出，从基准年1990年[②]开始至2006年，日本的温室气体排放量与GDP虽然并不呈正相关趋势，但也并不是完全"脱钩"。在1997年日本举办京都气候大会当年，其温室气体排放量是1,381,666.04kt CO_2-eq，GDP总量是4.415万亿美元，与往年相比，在京都气候大会召开之年日本的单位GDP排放量并没有绝对优势。2007年日本的温室气体排放量达到《议定书》第一承诺期开始前的峰值，为1,393,682.59kt CO_2-eq，但当年的GDP并不理想，比之前三年都低。

据《公约》秘书处的调查，日本政策的有效性并未得到落实或是其经济与减排之间没有脱钩的原因。UNFCCC秘书处根据第7/CP.11号决定，于2006年10月15—21日在德国波恩对日本第四次国家信息通报（NC4）进行深入审查并形成报告（IDR4）。在第四次国家信息报告中，日本提供了关于其政策和组织的一揽子计划和措施。每个部门都有自己的主要政策和相关措施的文字说明，并辅之以计划政策和各部门措施的汇总表。日本还提供了资料，来说明它为何认为其计划的政策和措施符合《公约》目标的温室气体排放量并有长期减排趋势。[③]但是，专家审查小组（ERT）指出，日本对其通过或实施的政策和措施提供的信息有限，无法审查这些政策和措施对减缓的影响。ERT建议该缔约方遵守《联合国气候变化框架公约》报告指南，并在其下一次国家信息通报的政策和措施一章中提供关于已通过或已实施的政策和措施的完整和透明的信息。ERT指出，与日本的第三次国家信息通报（NC3）相比，NC4中没有"没有措施"的情况，因此ERT无法判断和预测日本气候政策和措施的具体有效性。[④]

从图5-2来看，日本的温室气体排放主要来源于能源排放、工业处理、农业等。按行业划分，温室气体排放总量的趋势主要是来自能源部门，占

[①]　国际可持续发展研究所（IISD）："COP12 and COP/MOP2 HIGHLIGHTS: TUESDAY, 7 NOVEMBER 2006," November 2006, http://enb.iisd.org/vol12/enb12309e.html，访问日期：2018年5月15日。

[②]　此处的基准年是UNFCCC关于各国二氧化碳排放量的统计年，为1990年。

[③]　UNFCCC: FCCC/IDR.4/JPN, 2007.

[④]　Ibid.

2008年总排放量的90.5%。这一趋势主要是电力需求的增加和化石燃料消耗增加所致。无论是绝对还是相对而言，能源行业尤其是煤炭业的排放量都在增加（1990—2008年排放量增加了29.7%），运输行业的排放量也在增加（1990—2008年排放量增加了7.1%）。1990—2008年日本经济增长了13.2%，这种缓速增长对能源部门排放的影响远小于对化石燃料消费增长的影响。[①]

综上，从图5-2中可看出，日本的温室气体排放趋势不断上升，然而GDP却并未呈现持续上升趋势。在"安倍经济学"的刺激之下，2012—2013年日本的GDP相对增长，随后平稳并下降。《京都议定书》生效前后的温室气体排放值与GDP也并无相关性，因此二者之间的关系并不像西村大使所说的呈"脱钩"趋势。当然这或许只是暂时现象，因为日本的人均排放量依然很低，且减排技术不断发展，未来实现温室气体排放与GDP脱钩并非不可能，但2006年COP大会上作出这种承诺依然为时尚早。

二、《京都议定书》的约束下日本减排力度是否增大？

在《议定书》第一承诺期内，日本的温室气体排放量有实质性的下降。但是这背后的原因是因为《议定书》的约束力还是有其他因素？

（一）《京都议定书》第一承诺期与日本减排趋势

自1993年以来，日本一直是《公约》的缔约国，自2002年以来一直是《京都议定书》的缔约国。根据《京都议定书》，日本承诺在从2008年到2012年的第一次基准年内温室气体排放量将减少6%。

从图5-1日本排放量与GDP关系图来看，《京都议定书》具有绝对的约束力，在《议定书》第一承诺期2008年至2012年的约束下，日本真正做到了减排与GDP脱钩。这充分表明了《京都议定书》对日本减排的绝对约束力。

当然GDP与温室气体排放量下降的主要原因不仅是《京都议定书》第一承诺期的约束力。2007—2008年温室气体排放总量（不包括LULUCF）下降6.4%的主要原因是2008年下半年全球金融和经济危机导致的能源需

---

① UNFCCC: FCCC/IDR.5/JPN, 2011.

求下降以及相关产业需求的下降。[①] 能源部门的排放量减少了6.5%。能源部门的排放量下降是由制造业和建筑业（减少9.1%）、能源行业（减少6.1%）和运输行业（减少4.1%）的温室气体排放量减少所致。[②] 经济危机的影响一直持续至2010年前后，可以说经济危机对日本经济的不利影响在一定程度上帮助日本完成了《议定书》第一承诺期的减排承诺。

此外，2011年和2012年发生了两件大事，直接影响日本在COP的谈判立场与在国际社会的减排承诺。2011年日本发生了东日本大地震并引发核电事故；2012年日本首相安倍晋三提出了"安倍经济学"。

（二）福岛核事故的影响

在IDR 5的审查期间，日本介绍了2010年日本能源战略计划中所载的能源供应部门长期[③]目标的信息（该计划于2003年启动，随后于2007年和2010年修订）。目标包括将核电和可再生能源的比例提高到70%，以及发展CCS技术。然而2011年3月11日东日本大地震爆发并引发核电站事故之后，日本的能源形势发生了重大变化并且不得不进行能源战略再调整。日本常规能源需求增加导致了能源价格继续上涨，可再生能源作为清洁环保能源更加受到重视，且日本开始对是否继续使用核发电进行反思。[④] 到2012年5月，日本境内54座核电站全部停止运行，2012年夏天日本的电力缺口达到约1660万千瓦，超过全国发电量的9.2%。[⑤] 为了促使可再生能源发电，2011年8月26日，日本通过了《可再生能源法》，规定了新的固定价格收购可再生能源制度。[⑥] 由于成本巨大且不稳定性强，自2014年8月以来，日本九州电力、冲绳电力、东北电力、北海道电力和四国电力五大电力公司陆续宣布停止固定价格收购可再生能源制度。[⑦] 核能源的自给率也在骤然下降，2010年核能的自给率为15%，2011年为5.8%，而2012年

---

① UNFCCC: FCCC/IDR.5/JPN, 2011.

② Ibid.

③ 长期指的是到2030年。

④ 樊柳言、曲德林：《福岛核事故后的日本能源政策转变及影响》，《东北亚学刊》2012年第2期。

⑤ 同上。

⑥ 《日本是如何进行节能减排的？》，2016年11月29日，http://www.cecol.com.cn/news/2016 1129/1116470529.html，访问日期：2018年1月6日。

⑦ 毕珍珍：《日本"氢能源基本战略"与全球气候治理》，《国际论坛》2019年第2期。

仅为0.6%。[①] 据统计，2011年12月，日本火力发电占86%，其中16%为石油发电，煤发电为23%，液化天然气（LNG）发电为46%，核反应堆仅占7.4%。而在同年4月，核电占发电总量的28.2%，火力发电占63%（其中5%为石油，20%为煤，38%为液化天然气）。[②] 能源危机与能源结构的调整是日本拒绝《京都议定书》第二承诺期最重要的因素之一。

（三）"安倍经济学"对减排的影响

2012年年底，日本首相安倍晋三提出了"安倍经济学"，谋求日本经济的大力发展。2013年1月安倍首相即提出摆脱通货紧缩、刺激经济发展的"三支箭"，即大胆的金融政策、灵活的财政政策以及促进民间投资的经济增长战略，其被视为"安倍经济学"的主要推动力。其主要政策措施包括：树立通货膨胀预期，压低汇率调整供需缺口，通过量化宽松措施抑制日元升值，提高股市价格，改善企业收益，增加设备投资；促进就业，在提高收入的基础上扩大消费，促使物价上升，以摆脱长期的通货紧缩；制定大规模的补充预算方案，实施积极财政政策；促进民间投资，在能源、环境、医疗等领域实施规制缓和，以推动海外投资收益回流日本。[③] 作为"三支箭"的补充，2014年6月安倍内阁公布了新经济增长战略及长期政策蓝图，其改革措施主要集中在农业、劳动力、医疗、女性等领域。虽然备受质疑，但是"安倍经济学"这一政策并未停止，[④] 2015年9月该政策又出台新的"三支箭"，包括：打造强力经济，将名义GDP从2014年的490万亿日元增加到2020年的600万亿日元；大力支持面向未来的生育计划，使总和生育率从2013年的1.4提高到1.8；建立完善的社会保障制度。[⑤]

"安倍经济学"短暂地使日本经济有了"缺乏实感的繁荣"，对日本的

① 経済産業省・資源エネルギー庁：『エネルギー白書2014』，http://www.enecho.meti.go.jp/about/whitepaper/2014pdf，访问日期：2018年12月20日。

② Andrew Dewit, "Japan's Remarkable Renewable Energy Drive—After Fukushima," *Asia-Pacific Journal*, Last modified June 25, 2018, https://apjjf.org/2012/10/11/Andrew-DeWit/3721/article.html.

③ 王新生：《安倍长期执政的原因探析：社会变迁、制度设计、"安倍经济学"》，《日本学刊》2018年第3期。

④ 「特集 アベノミクスの実相と安倍政権 財政破綻は避けられるのか 増税と再分配をめぐって」，『ジャーナリズム？』2017年12月号，第6-23頁。

⑤ 王新生：《安倍长期执政的原因探析：社会变迁、制度设计、"安倍经济学"》，《日本学刊》2018年第3期。

气候减排也有相当的影响。一方面，能源排放始终占温室气体排放比例的绝对首要位置，日元贬值使能源进口的成本增加。另一方面"安倍经济学"针对的是人口不足与经济不景气的影响。与人口的减少相对应，温室气体排放量应该逐年减少才符合日本的减排承诺。据日本厚生劳动省2017年4月的估算，日本人口将在2053年跌破1亿，到2065年，日本人口将比2015年减少三成，降至8808万。[1] 据联合国统计，到21世纪末，日本将失去34%的人口。自1991年以来，日本在七国集团中的人均增长率已经是第二低，年增长率仅为0.7%，[2] 但是2013年日本的温室气体排放水平比1990年增加了10.6%。[3] 与此同时，日本的GDP与温室气体排放水平也并未脱钩，在一定程度上还有关联。以上是促使日本放弃《京都议定书》第二承诺期的又一重要原因。

　　总之，《京都议定书》对日本的减排有绝对的约束力，但是日本完成《议定书》第一承诺期的减排承诺依然存在很大的"侥幸"因素。在2008—2012年，经济危机导致能源需求下降，为日本完成减排任务提供了一种有利的大环境，虽然这对经济增长无益，但这次经济增长的不利因素确实成了减排的有利因素。

　　然而在福岛核事故的打击下，日本的减排信心和减排能力受到严重打击，重回火力发电使日本减排成本不断增加，减排空间不断缩小。这种打击成为日本拒绝《议定书》第二承诺期的重要因素，也成为日本参与COP谈判的重要转折点。此外，在"安倍经济学"这一政策之下，日本执政党的首要任务是发展经济，"气候外交"在很大程度上被政客视为赢得民众好感的工具。这些因素都促使日本在气候谈判中更加"保守"，更加注重成本回收与追求经济利益。

---

① 毕珍珍：《日本人口困境与安倍女性经济学》，《中华女子学院学报》2018年第5期。

② Lynann Butkiewicz, "Implications of Japan's Changing Demographics," *Report of The National Bureau of Asian*, Last Modified June 25, 2018, http://www.nbr.org/research/activity.aspx?id=304.

③ Ministry of the Environment（MOE）, *Japan's National Greenhouse Gas Emissions in Fiscal Year 2013*, (Preliminary Figures), Last Modified June 25, 2018, http://www.env.go.jp/en/headline/2132.html.

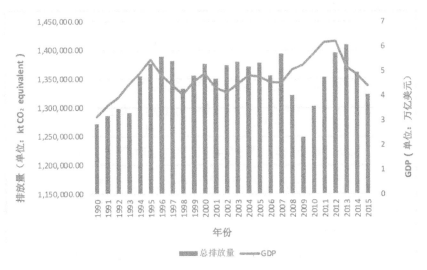

图5-1　日本排放量与GDP关系图

资料来源：作者根据世界银行数据自制。[①]

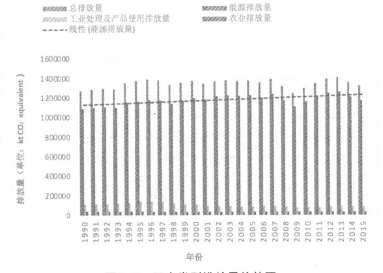

图5-2　日本类别排放量趋势图

资料来源：该数据包括间接二氧化碳排放量，并不包括LULUCF，能源业排放量包括能源工业、制造业和建筑业、运输过程中的能源排放量。作者根据UNFCCC数据自制。

---

① 该数据包括间接二氧化碳排放量，并不包括LULUCF。

第二节　日本参与气候谈判的变化趋势

日本的减排趋势影响着其谈判态度，发掘其谈判态度与利益诉求的相对变化和不变是分析日本参与全球气候治理过程的重要一环。

一、日本减排承诺以及谈判态度的相对变化

日本参与全球气候治理是其环境外交的重要组成部分，其在过程中所表现的态度可谓"一波三折"。日本在批准《京都议定书》的过程中改变了一贯支持美国的态度。在国际气候谈判之初，日本和美国立场保持一致，反对欧洲国家提出的制定任何具有约束力的温室气体减排目标。因为日本国内能源利用率比较高，如果采取和其他欧盟国家一样的减排标准，经济发展将有可能受到不利影响。日本主办的第三次缔约方大会即京都会议是其谈判态度转变的第一个转折点。此次大会通过了以日本地名命名的《京都议定书》，且日本承诺6%（与1990年相比）的温室气体减排目标，其参与全球气候治理的表现得到了国际社会的认可。当美国宣布退出《京都议定书》时，日本一度犹豫，以环境省（2001年以前为环境厅）为主的政府机构、非政府组织和广大日本民众都积极支持日本批准《京都议定书》，而产业界、商业界则较为消极，并且通过代表其利益的经济团体联合会（简称"经团联"）和通商产业省（简称"通产省"）发声。[①] 最终日本在美国退出的情况下依然选择批准了《京都议定书》。

然而，曾以签署地以京都命名的《京都议定书》为荣的日本却最终成为《京都议定书》第二承诺期的坚定反对派。由于美国受种种制约的影响，在哥本哈根会议上并未如愿以偿，[②] 且日本已经对《议定书》第二承诺期犹豫，此次会议上日本政府隐约表露《京都议定书》没有第二承诺期。在坎昆会议期间，日本政府代表团高级官员清晰地发出了这个信号，只不过在随后的外交语言中加以修正，不直接明了地表示。随后在波恩会议上，日

---

① 宫笠俐：《日本在国际气候谈判中的立场转变及原因分析》，《当代亚太》2012年第1期。
② 李海东：《奥巴马政府的气候变化政策与哥本哈根世界气候大会》，《外交评论》2009年第6期。

本代表团成员一改以往委婉的措辞，重复申明日本政府拒绝《京都议定书》第二承诺期的立场是明确和坚定的。[①] 日本一改对批准加入《京都议定书》的态度，消极对待《议定书》第二承诺期成为第二个转折点。

日本政府参与全球气候治理谈判的另一个转折点出现在福岛核事故之后。2011年3月东日本大地震引发的福岛核事故增加了日本的减排压力，是对日本环境外交的沉重打击，严重影响了日本所谓"环保大国"的形象。[②] 在《坎昆协议》的指导下，2011年年初日本作出的全经济范围量化减排承诺是2020年的二氧化碳排放量比1990年削减25%。而2013年正式将其减缓承诺降低至比2005年削减3.8%。[③] 由于日本的温室气体排放量在1990年至2005年期间增长了约7%，如果基准年从1990年改为2005年，2020年的减排目标将大不相同。

核能不会排放二氧化碳，在安全使用的情况下是一种较为清洁的低碳能源选项。福岛核事故后日本核电站大都被迫停运检修，国内对核电的依存度下降，对化石能源的需求上升，日本的减排力度也因此遭受国内外质疑。[④] 福岛核事故前，核能提供了日本大约30%的电力供应。福岛核事故后，基于技术缺陷或常规检查的原因，核反应堆接连关闭，至2013年，日本所有的核电站都处于闲置状态，日本一度进入"无核期"。直至2015年8月11日，经原子能规制委员会合规审查批准，九州电力川内核电站1号机组重启，这是福岛核事故后根据原子能规制委员会制定新管制基准审查合格后重启的第一个核电站，日本才结束了持续将近两年的"零核电"时期。[⑤] 截至2017年年底，日本可运转核电机组40台，恢复重启的核电机组只有5台；9台机组通过了合规性审查；12台机组还在审查中；尚有15台

---

① 中国网：《谁在反对〈京都议定书〉？美国起反面作用》，2011年6月15日，http://www.china.com.cn/international/txt/2011-06/15/content_22790648.htm，访问日期：2018年6月25日。

② 吕耀东：《东日本大地震后的日本外交策略浅析》，《日本学刊》2011年第4期。

③ "Japan, Submission by the Government of Japan Regarding Its Quantified Economy—Wide Emission Reduction Target for 2020," Last Modified June 25, 2018, http://unfccc.int/files/focus/mitigation/application/pdf/submission_by_the_government_of_japan.pdf.

④ 《日本批准加入气候变化〈巴黎协定〉》，新华网，2016年11月9日，http://www.xinhuanet.com/world/2016-11/09/c_1119881156.htm，访问日期：2018年6月25日。

⑤ 橘川武郎：《川内核电站重启与核电的未来》，日本网，2016年1月21日，https://www.nippon.com/cn/currents/d00196/#auth_profile_0，访问日期：2018年6月25日。

机组未提出重启申请。[①]

暂缓或关闭核电站给日本的能源安全供应及能源成本带来巨大挑战。福岛核事故前，核能平均每年削减日本大约14%的二氧化碳排放量。[②] 日本2011年的燃料进口费用是21.8万亿日元，比2010年增长了25%，燃料进口占国内生产总值比例由2.6%增至4.6%。[③] 日本经济能源研究所（IEEJ）预测，化石燃料进口的成本将上升为610亿美元。[④] 日本大量进口化石燃料预计每年会增加5.5%的排放量，这将给日本在国际社会的减排承诺带来巨大挑战。[⑤] 而日本在地震、海啸、核事故三重打击后能源和经济受到重挫的情况下，依然选择批准《巴黎协定》。值得注意的是，日本在完成《巴黎协定》相关批准手续方面进展迟缓，没能成为首批缔约方之一，因此在《巴黎协定》生效后，其一度只能以观察员身份参加在摩洛哥马拉喀什召开的《公约》第二十二次缔约方大会。[⑥] 2016年11月8日下午，日本国会众议院通过《巴黎协定》批准案，之后提交日本政府内阁会议通过，正式完成《巴黎协定》的国内批准程序，并在当天晚些时候向联合国总部提交了《巴黎协定》批准文书。日本政府设定的减排目标是到2030年温室气体排放量比2013年降低26%。[⑦]

二、相对不变的谈判态度与利益诉求

虽然有些时候日本的谈判态度随着不同时期的国情而变化，但是有一些利益诉求在谈判过程中是始终没有改变的。换而言之，这些不变的利益诉求是日本在气候治理中的长期利益。

[①] 周杰:《日本核电重启之路还能走多远?》,《中国能源报》, 2018年1月17日。

[②] Jane Nakano, "Japan's Energy Supply and Security since the March 11 Earthquake," Center for Strategic & International Studies, Commentary, March 23, 2011.

[③] Andrew Dewit, "Japan's Remarkable Renewable Energy Drive—After Fukushima," *Asia-Pacific Journal*, Last Modified June 25, 2018, https://apjjf.org/2012/10/11/Andrew-DeWit/3721/article.html.

[④] IEEJ, "Japan Energy Brief," No.17, January 2012, p.7, Last Modified June 25, 2018, http://eneken.ieej.or.jp/en/jeb.1201.pdf, 2016-07-28.

[⑤] 李小军:《日本后福岛时期的核能政策研究》,《国际政治研究》2017年第3期。

[⑥] 环球网:《日媒:〈巴黎协定〉日本"逆行"》, 2016年11月4日, http://world.huanqiu.com/hot/2016-11/9636873.html, 访问日期: 2018年6月25日。

[⑦] 华义:《日本批准加入气候变化〈巴黎协定〉》,《中国科学报》2016年11月10日, 第2版。

（一）希望责任扩大化

日本作为附件一缔约方，在参与全球气候治理过程中，一直要求更多的国家对气候变化负责，这一点与美国的立场高度一致。这种要求不仅表现在要求发展中国家设置减排标准，还表现为在气候融资等方面希望发展中国家加强责任。

例如，美国政府在克林顿时期就提议包括发展中国家在内的所有各方都设定绝对排放上限，认为只有这样才能充分利用碳排放计划。[1] 在2008年召开的波兹南气候大会中，日本与欧盟、美国立场一致，强调"不断变化的责任"，希望更多国家参与气候变化金融筹资，鼓励筹资"定期扩大规模"，以减轻自身的筹资压力。[2] 日本在气候变化谈判中要求发展中国家负责的例子在谈判记录中屡次出现。在哥本哈根气候大会提到《议定书》修正案时，日本和俄罗斯联邦不断强调他们希望建立一个全面的全球法律框架而不仅仅是《议定书》的延伸，很显然这其中的"全面"与"全球"包括所有发展中国家缔约方。[3] 在哥本哈根气候大会上，日本概述了其提议的《议定书》草案，称《议定书》有缺陷，比如《议定书》仅涵盖全球排放量的30%。日本强调，其目的不是忽视和埋葬《京都议定书》，而是"扩大责任范围"。[4]

虽然日本是气候资金融资较多的国家，也在资金、技术等方面援助非附件一缔约方中的一些国家，但是其要求发展中国家承担更多责任的目标一直没有改变，并且有更加强烈的趋势。这样做一方面可以减轻自身承担的责任与压力，另一方面或许还有遏制新兴经济体国家发展的意思。

（二）注重发挥技术及知识产权优势

日本的低碳节能技术发展处于亚洲乃至世界先进水平，因此，它十分重视自身的这一优势。日本非常精通有关节能和能源效率的技术且富有治

---

[1]　Yasuko Kameyama, *Climate Change Policy in Japan, from the 1980s to 2015* (New York: Routledge, 2016), pp.24-35.

[2]　详见第四章。

[3]　国际可持续发展研究所（IISD）"地球谈判简报"（Earth Bulletin）："COPENHAGEN HIGHLIGHTS: WEDNESDAY, 9 DECEMBER 2009," Last Modified June 25, 2018, http://enb.iisd.org/vol12/enb12451e.html。

[4]　同上。

理经验（包括政策及措施）。日本拥有20世纪50年代、60年代和70年代的当地污染治理和石油危机的经验，非常清楚节约能源的重要性。日本的经验表明，通过技术创新和传播可以克服环境和自然资源问题。这些经验使日本倾向于从能源和技术的相关角度看待环境问题。

例如，日本在历次谈判中都主张将碳捕集与封存纳入CDM。[①] 因为日本的CCS技术相对领先，将此技术纳入CDM这一《议定书》的灵活机制中可以帮助日本抵消碳排放。在IDR5之前提交的报告中，日本介绍了2010年日本战略能源计划（该计划于2003年启动，随后于2007年和2010年修订）中所载的能源供应部门长期目标（至2030年）的信息。目标包括将核电和可再生能源的比例提高到70%，并确保新的燃煤电厂将会配备CCS技术。[②]

日本对发展中国家的气候援助主要通过资金和技术，然而在气候变化谈判中，日本不但要求发展中国家承担包括资金在内更多责任，而且对技术及知识产权的交涉更是"不愿触及红线"。日本在第六次国家信息通报（NC6）的报告中写到，为了满足发展中国家对快速启动资金的需求，截至2012年12月，其通过大使馆和日本国际合作署（JICA）已在114个发展中国家实施了952个项目。这些项目是在与发展中国家政府和国际组织密切磋商后根据受援国的需求进行的，并考虑了当地的经济形势和项目的内容。虽然ERT欢迎这些信息，但其发现日本究竟在多大程度上向特别容易受到气候变化不利影响的发展中国家提供援助以支付适应这些不利影响的成本尚不清楚。[③] 从2010年1月至2012年12月，日本付出了150亿美元的快速启动资金，并向发展中国家提供了135亿美元的公共资金援助，以应对气候变化，援助对象主要是亚洲国家，其次是在非洲、小岛屿发展中国家和最不发达国家。日本的大部分快速启动资金，包括政府提供的优惠贷款、赠款和技术援助，主要用于缓解，其次是适应。[④]

与积极的态度相对应，在COP谈判中，日本关于技术及知识产权问题

---

① 详见第四章第二节。
② UNFCCC: FCCC/IDR.5/JPN, 2011.
③ UNFCCC: FCCC/IDR.6/JPN, 2015.
④ Ibid.

可谓是分毫必争。① 在新兴国家经济增速放缓、发达国家经济复苏不均衡以及持续的地缘政治紧张背景下，各国纷纷将目光转向绿色增长。全球经济萧条使国际社会形成了对绿色增长的共同愿景，各国理应在绿色产业领域开展更加务实的合作。但事实并非如此，产业利益成为各国角逐下一轮经济增长制高点的最大动因，各国对绿色经济发展的观念仍停留在保守的思维之中，既未意识到也不愿相信绿色增长和共享经济时代的发展可以实现"你中有我、我中有你"的互利共赢。② 自国际气候谈判开始以来，知识产权一直是发达国家与发展中国家的"必争之地"。发达国家不相信在气候谈判中纳入知识产权讨论会有任何获益，发展中国家则不相信发达国家会作出积极让步，双方存在极大的信任危机。③

日本以文字形式报告了其政府为促进和资助技术转让所采取的步骤。在其NC6第6.3节中，日本报告了本国为加强发展中国家有效实施气候变化政策的能力而实施的项目。在NC6的表6.8中，日本介绍了许多实施的计划或项目：通过分享有关气候变化适应的知识，提高亚太地区政策制定者和从业者的能力；发展研究人员和其他人员建设低碳社会的能力；加强防洪措施的能力；建设能力并加强体制机制，以减轻加勒比国家洪水灾害的危险；提高菲律宾的减灾能力；提高坦桑尼亚地下水开发能力；发展应对降水模式变化措施的研究能力，促进印度尼西亚水资源综合管理。④ 但是，所描述的绝大多数项目旨在转让日本技术，而不是发展或加强发展中国家的内生技术。

日本在对待气候援助方面一直是着力资金与技术援助，谨慎对待知识产权保护。一方面是因为日本一直以来维护美国、欧盟等利益集团在气候谈判中的知识产权话语权，另一方面保护知识产权有助于日本在绿色经济中保持优势。常言道"授人以鱼不如授人以渔"，日本在参与全球气候治理的过程中经常"授人以鱼"而非"授人以渔"。

---

① 详见第四章第三节。

② 蒋佳妮、王灿:《全球气候谈判中的知识产权问题——进展、趋势及中国应对》,《国际展望》2016年第2期。

③ 同上。

④ UNFCCC: FCCC/IDR.6/JPN, 2015.

第三节 日本参与气候治理行为转变的影响因素

上述两节内容考察了日本参与全球气候治理的动态变化，本节主要分析影响这些变化的种种因素。这些因素是导致日本参与全球气候治理表现出"矛盾性"的内因与外因。

一、日本的能源效率相对较高

首先，必须承认的客观事实是：日本作为自然灾害频发的能源依赖型国家，较好地履行了减排承诺，并且节能环保的意识相对较高。这促使日本发展能源技术，实现了能源的高效利用。

在1973年第一次石油危机之后，日本已经在多方面实现了能源高效利用。能源效率的进一步提高是日本能源和气候政策目标的支柱。这是通过综合法规以及多部门（包括工业和住宅、商业）使用自主行动计划（Voluntary Action Plan，VAP）来完成的。在监管方面，《节约能源法》（1979年颁布并随后多次修改加强）发挥了至关重要的作用。该法律涵盖了工业和住宅、商业部门的能源使用效率，并在2008年得到加强，覆盖范围扩大到运输部门。[①]《节约能源法》要求每年报告与能效相关的指数，并为特定部门设定目标基准能效水平，这些基准设定为每个行业中表现最佳的公司（前10%—20%）的能效水平。针对这些基准的绩效需要定期审查和更新，政府会公布运营商的平均值和公司的标准差。政府也会公布具有杰出成就的公司名称。领先标准是根据《节约能源法》制定的，涵盖车辆和电器等23种产品类别的效率，甚至包括汽车和电动马桶座的空间加热器。[②]

这些标准的设置高于目前可用的最高标准。与基准水平相比，领跑者标准有助于显著降低日本的排放量。例如，1997—2004年日本空调的能效提高了67%，而汽油车的能效在1995—2005年提高了22.5%。[③]

能源的高效率利用帮助日本完成减排承诺与减轻能源负担的同时，也

---

① UNFCCC: FCCC/IDR.5/JPN, 2011.

② Ibid.

③ Ibid.

相应地压缩了日本的减排空间，不利于其作出更多的减排承诺。综前文所述，日本在多次谈判中都坚持认为其自身的能源效率较高，是最节能环保的国家之一，日本很难有剩余的减排空间也是其改变减排承诺的关键因素之一。

二、国内决策集团的利益分歧

日本国内对于气候减排的态度也并不完全一致。国内不同利益集团有各自的利益和打算，决策层的意见也各不一致。

（一）领导人因素

本书第三章详细分析了日本参与全球气候治理的决策主体与决策机制。日本参与全球气候治理的决策行为体大致分为执政党领导、官僚机构以及商业财团。除此之外，环保非政府组织和学者也在逐渐发挥作用。

执政党领袖会根据符合自身选举或支持率的情况对气候治理作出不同的回应。领导人的个人意志对于日本参与全球治理的程度有着至关重要的影响。如第三章第三节所提到的，日本前首相竹下登的个人作用是不可以忽视的，他提倡日本自民党关注环境议题，并引导日本走向环境外交之路。[①] 1988年6月举行的多伦多七国集团峰会是竹下参加的第一次峰会，他对全球环境问题的看法产生了很大的影响。对国际环境事务的关心在一定程度上可以弥补1988年年末和1989年年初他因引入3%的消费税以及里库路特事件丑闻而受到的打击。竹下刚退休前成立了"全球环境相关问题部际委员会"，这是日本参与全球环境问题的一个重要主体，而对于竹下登本人来说，这是使他继续参与政治的有效途径。因此竹下登对国际环境事务的"热爱"成为日本20世纪90年代初期至"京都气候大会"时期积极参与气候外交的重要因素之一。

福田康夫和鸠山由纪夫在气候变化事务中的表现也相对积极。在鸠山由纪夫竞选期间，民主党表示愿意采取积极行动应对气候变化。在纽约举行的联合国气候变化特别峰会上，鸠山宣布日本将把2020年的中期排放目

---

① 宫笠俐：《冷战后日本环境外交决策机制之研究——以〈京都议定书〉的批准为中心》，博士学位论文，复旦大学，2010年。

标从1990年的水平降低25%。然而之后的哥本哈根会议上日本拒绝了《京都议定书》第二承诺期，这有可能是因为鸠山已经赢得了选举，并开始考虑平衡国内各集团的利益。

2011年东日本大地震引发了核电站事故之后，历任领导人都优先考虑国内能源形势与减排压力，对减排承诺基本保持低调态度，领导人在气候外交中的决策变得越来越谨慎。

（二）官僚机构的因素

外务省和环境省是日本参与全球气候治理的主要官僚机构，如第二章和第三章所述，虽然经济产业省也是官僚机构，但是它所重视的利益与外务省与环境省不尽相同。外务省与环境省都希望自身在国际事务中发挥作用，以此来展现自己的能力，并争取更多的预算和职务。

而同样是官僚机构，经济产业省[①]主要负责国内的工业、能源及相关政策的执行，因此，经济产业省更希望找到对日本实际的、在经济上可行的减排措施。经济产业省重点关注通过节约能源的方法来完成减排任务，其内部调查委员会的报告认为，日本完成二氧化碳的减排目标存在很大的难度。[②]对经济产业省而言，诸如环境保护等事务远远不及经济利益重要。[③]

由于各政府官僚机构有不同的目标，各部有时相互合作，有时则会有利益冲突。虽然经济产业省与外务省、环境省平级，都属于政府官僚机构，但由于其负责能源及产业的相关工作，其与经团联下属的许多财团、企业保持相当频繁的业务往来。因此，在参与全球气候治理决策过程中，经济产业省的利益更多地与经团联、能源密集产业相互一致；而外务省与环境省的利益与决策偏好相对一致。这些因素牵制了日本参加《京都议定书》第二承诺期，并使日本在福岛核电事故之后重点考虑能源安全与经济发展，重新确定在国际社会的减排承诺。

---

① 前身为通产省。
② 竹内敬二『「地球温暖化」の政治学』、朝日選書604、1998年、第156頁，转引自宫笠俐《决策模式与日本环境外交——以日本批准〈京都议定书〉为例》，《国际论坛》2011年第6期。
③ 宫笠俐：《决策模式与日本环境外交——以日本批准〈京都议定书〉为例》，《国际论坛》2011年第6期。

（三）商业及产业界的因素

战后日本依靠产业的发展成为经济大国，因此商业和产业集团在日本国内决策过程中的作用不可小觑。在IISD编发的COP谈判记录以及公约秘书处的IDR报告中，可以发现日本十分重视并主张私营部门参与全球气候治理。日本的私营部门有许多先进的技术、知识产权以及市场经营经验。这些都是日本节能减排的重要保障。此外这些企业掌握的核心技术和经验也可以帮助日本政府进行海外援助，同时也可帮助日本的产业和技术占领海外市场，帮助日本在发展"绿色经济"中保持领先地位。

但是另一方面，经团联下属企业的温室气体排放量占到了工业界温室气体排放的八成以上，[①] 大幅度的减排势必会影响经济和生产。前文已经讨论了关于日本GDP与减排并未脱钩的情况。商业和产业界会依据自身条件，衡量减排与拓展海外市场以及研发节能减排技术之间的利益得失，从而干预政府参与全球气候治理的决策。当然各企业和公司并不总是意见互相一致，"经团联"和"经济同友会"是经济产业界的大本营和"父母官"，与其他官僚机构甚至领导人一同参与决策。经济产业省也更紧密地联系"经团联"，而非外务省、环境省等官僚机构。

（四）非营利组织、非政府组织等非政府行为体的作用

日本的非政府行为体可以有效地参与气候治理。如第三章第二节所述，日本的环境非政府行为体拥有广泛的专业知识、技能、经验和网络。非政府行为体在参与全球气候治理的过程中的共同特征是提供辅助政府的服务，并促进社会及市场的独立性与主动性。[②] 日本的非政府行为体曾经在决定是否批准《议定书》的过程中发挥重要作用。日本政府利用多种途径听取民众及非政府行为体的意见，由于气候减排惠及民众生活，民众及非政府行为体也很积极地参与其中。因此，非政府行为体在很大程度上促进了日本参与气候减排。

---

① 宫笠俐：《决策模式与日本环境外交——以日本批准〈京都议定书〉为例》，《国际论坛》2011年第6期。

② Yasuko Kameyama, "Climate Change and Japan," *Asia-Pacific View*, May, 2002, p.42.

三、国际谈判格局的影响

与以上国内因素相呼应，外部因素也在一定程度上影响着日本参与全球气候治理的态度与决策。这既包括"盟友"的态度，也包括"非盟友"的因素。

（一）欧盟的因素

欧盟是气候治理的中坚力量。自2009年哥本哈根会议之后欧盟引领气候谈判话语权的趋势有所减弱，但欧盟始终坚持自己的政治诉求，继续低碳发展，推动气候变化谈判。一直以来，欧盟都是防止气候变化谈判大幅度倒退的主要力量。

欧盟实行低碳发展政策，其成员国基本实现了发展与温室气体排放的绝对脱钩。2012年欧盟28国温室气体排放总量约为45.44亿tCO$_2$-eq，[①] 占全球排放总量的约10%，比1990年降低了18.36%。[②] 在2008—2012年《京都议定书》第一承诺期内的五年，欧盟15国的排放量为36.23亿tCO$_2$-eq，超额完成第一承诺期平均减排降低8%的目标。而欧盟的经济发展却有一定的加速，1990—2012年，欧盟28国的经济总量增长了40%以上，欧盟整体实现了经济增长与温室气体排放的绝对脱钩。[③]

关于基本原则方面，欧盟与其他发达国家一致，即认为不应固守公约附件一和非附件一缔约方的二分法，而应动态适用"共区原则"，打破二者之间的防火墙。但在相关谈判策略上，由于美国、日本等伞形国家打破二分法的呼声很强烈，欧盟采取较保守的姿态。关于协议内容，欧盟与发展中国家的立场较为一致，认为新协议应当包括减缓、适应、资金、技术等公约各方面的内容，但欧盟也特别强调透明度、核算、遵约等与减缓直接相关的因素，以确保各方履行公约减缓义务的机制。

（二）美国的因素

虽然美国气候减排的成果还不能和欧盟相比，且未批准《京都议定书》

---

① 不包括LULUCF。

② 朱松丽、高翔：《从哥本哈根到巴黎——国际气候制度的变迁和发展》，清华大学出版社，2017，第145页。

③ 同上书，第145页。

并且曾退出《巴黎协定》，但是作为气候变化谈判的主要推动力之一，美国参与态度的影响力依然十分显著。

从历史上看，美国早在20世纪70至80年代就选择成为国际环境领域的推动者和领导者，向对此持怀疑态度的欧洲国家施加压力，推动《保护臭氧层维也纳公约》和《蒙特利尔议定书》的达成。但是在京都会议之时，众多工业发达国家主张就气候变化制定具有法定约束力的目标，美国在该问题上与国际社会的主流观点并不一致。美国虽然批准了《公约》，但是随即表示"不接受任何对于《公约》第7条带有以下含义的解释，即美国承认或者接受任何国际责任或者义务，或者发展中国家责任的弱化"。[①]

克林顿政府把环境问题与国家安全联系起来，提升了环境议题在国内的地位，其却未成为国家战略。美国虽然成立了总统可持续发展委员会，但在重要的多边环境合作中并没有取得实质进展。美国认为《议定书》是一个完全不平衡的协议，最后在京都会议上，美国在欧盟的巨大压力下同意了减排7%的目标，以换取以市场为基础的灵活机制。[②]小布什上台后，美国外交政策议程上最重要的事项是对于安全的威胁，因此将环境议题置后。随着批判增加，小布什政府于2005年发起了亚太清洁发展和气候伙伴计划。其至少在言辞上支持IPCC第四次评估报告和"巴厘路线图"。2007年5月提出制定应对气候变化"新长期战略"。[③]

美国的气候外交策略在奥巴马第二任期发生了重大变化，对国际谈判局势的影响显著。[④]奥巴马在2008年11月当选，承诺美国将在2005年的排放水平上，到2020年降低17%，到2050年降低83%。这个目标的实现部分是通过限额和贸易体系，在该体系中允许排放许可进行拍卖。这只是形式的转变，而非实质性转变。美国并不想重新回到《议定书》下。2009年6月，美国"清洁能源和安全法案"以微弱多数在众议院通过，旨在通过限制和贸易实现减排。[⑤]

---

① 朱松丽、高翔：《从哥本哈根到巴黎——国际气候制度的变迁和发展》，清华大学出版社，2017，第167页。

② 同上。

③ 同上书，第168页。

④ 同上。

⑤ 同上书，第169页。

2013 年 6 月 25 日，美国发布了《总统气候行动计划》，从此其气候治理由被动走向主动，从分散走向集中，从模糊走向清晰。[1] 该计划的目标是减少温室气体排放，保护美国免受气候变化影响。计划主要包括三部分：减少美国的碳污染；为美国应对气候变化影响做准备；领导应对全球气候变化的国际努力，将"减缓"和"适应"置于同等位置。2015 年 8 月 3 日，美国总统奥巴马和美国环保署颁布了《清洁电力计划》。这是美国第一次出台针对电厂碳减排的国家标准。虽然奥巴马政府支持气候变化行动，但是国会依然是阻止美国在气候变化问题上"进步"的主要因素。三权分立的体制下，美国外交由总统和参议院分权，参议院对美国参与全球气候治理的权力和影响力极为重大。

（三）新兴发展中国家及其他谈判团体的影响

巴西、南非、印度、中国在哥本哈根会议后凝聚力加强，并且促成《坎昆协议》，成为德班气候变化大会决议的主要推动力之一，在德班平台谈判中发挥着越来越重要的作用。这些国家在原则问题上保持一致，即支持"二分法"并要求发达国家承担历史减排责任。这些国家在经济发展上不断进步，在国际事务中的话语权也不断增加，是气候变化谈判中发达国家的"威胁"力量。

小岛屿国家联盟（AOSIA）[2] 在气候谈判中首先强烈要求世界各国关注其生存权。其次，小岛屿国家联盟对于国际资金、技术等方面援助的要求迫切。再次，小岛屿国家联盟要求国际社会承认其成员国向其他国家环境移民的权利。[3] 最后，小岛屿国家需要包括科学机构、非政府组织在内的第三方力量，为自己争夺气候变化国际话语权。[4]

国际谈判格局的变化给日本带来了压力与动力，同时也成为日本态度略转消极的"理由"。特别是美国的因素，对日本的影响十分明显。

---

[1] 该计划通过行政手段执行，无须国会批准。

[2] 共有 43 个成员国，成立于 1990 年，由小岛屿国家和沿海低地国家组成。

[3] 曹亚斌：《全球气候谈判中的小岛屿国家联盟》，《现代国际关系》2011 年第 8 期。

[4] 闫楠：《国际气候谈判中的小岛屿国家联盟》，硕士学位论文，外交学院，2012。

四、福岛核电站事故的影响

东日本大地震引发的福岛核电站事故给日本全国带来了沉重的打击。福岛核电站事故之后，日本的能源问题再次引起社会的关注与反思，学者们也再次对该问题进行总结，再次分析日本能源政策及外交的决策机制、动因与特征，[①] 并将对核电站事故的反思落脚于对发展新能源及可再生能源技术的探讨。[②]

可以说福岛事故沉重打击了日本的减排实力与信心。本来日本在哥本哈根会议召开之时就决定放弃《议定书》第二承诺期，随后又经历了全球经济及金融危机的打击，此时核电站事故的打击使日本的态度更加消极，日本迟迟没有作出新的减排承诺，直至2013年的华沙气候大会。

但是值得注意的是，日本在经历福岛核电站事故的打击之后，更加注重开发包括可再生资源在内的新能源技术。其产品技术和营销市场的发展得到了政府的大力支持，成为日本参与"绿色经济"的动力。日本依然有可能把劣势变为优势，在吸取能源安全教训的情况下开发利用新能源技术并开拓新市场，在新一轮的全球气候治理中获得优势。

本章小结

综上，整体来说日本的经济发展与温室气体排放并未完全脱钩。日本虽然完成了《京都议定书》的减排承诺，但其中一部分原因是受经济危机的影响。此外，日本国内的政策因素、客观因素和突发事故都影响着日本的减排能力和减排信心。日本几经转折终于批准了《巴黎协定》。

一方面，欧盟强有力的减排成果激励着日本参与全球气候治理。美国的态度更是直接影响日本的决定。例如美国虽然批准了《公约》，但是随

[①] 相关文献如尹晓亮：《日本能源外交与能源安全评析》，《外交评论》2012年第6期；郑文文、曲德林：《后核时代日本能源政策走向的三方动态博弈分析》，《日本学刊》2013年第4期。

[②] 相关文献如张季风：《震后日本能源战略调整及其对我国能源安全的影响》，《东北亚论坛》2012年第6期；Andrew Dewit, "Japan's Remarkable Renewable Energy Drive—After Fukushima," *Asia-Pacific Journal*, Last Modified June 25, 2018, https://apjjf.org/2012/10/11/Andrew-DeWit/3721/article.html。

即表示"不接受任何对于《公约》第7条带有以下含义的解释",这和日本的谈判态度相一致。奥巴马政府积极应对气候变化的决定也是日本批准《巴黎协定》的重要外交因素。

另一方面,欧盟内部分裂、难民危机、恐怖主义等问题的蔓延分散了其参与全球气候治理的精力,这在一定程度上弱化了欧盟全球气候治理领导者的地位;而美国忙于应对恐怖主义,致力于复兴美国的战略,更希望把减排的责任分摊给新兴发展中国家。日本则由于第二次安倍内阁前政权反复更替分散了国内参与全球气候治理的力量,加之东日木大地震引发的福岛核事故更加严重阻碍了日本的经济发展,打击了日本的减排决心,日本最终放弃了减排25%的目标。

"77国集团+中国"、基础四国在谈判中被要求承担更多的责任,"自上而下"的减排承诺逐步向"自下而上"的自主贡献模式发展,这些最终使《巴黎协定》的约束力减弱。这些因素交织在一起,使日本的气候减排承诺不断变化,由积极应对、试图领导转变为相对消极。最终日本放弃《议定书》第二承诺期,却未放弃《巴黎协定》。

第六章　结　论

作为本书的最后一部分，本章首先将回答导论中提出的问题。其次，笔者在此问题解答的过程中还有一些发现，这些发现可以帮助读者理解对问题的解答。最后，通过考察日本参与全球气候治理的经验，笔者对我国发展绿色经济，参与全球气候治理有一些思考，希望与读者一起分享。

一、日本参与全球气候治理的矛盾表现的原因

本书提出的研究问题是：从2005年《京都议定书》生效至2015年召开巴黎大会这一日本参与全球气候治理面临挑战最多的时期里，为什么其表现和态度具有"矛盾性"？

经考察本书认为：2005—2015年，日本在参与全球气候治理过程中的核心利益诉求发生了变化，由追求国际事务主导权谋求大国地位，转变为经济利益优先，并寄希望于从绿色经济外交中获得国际声望。日本看中经济利益，但并没有放弃政治目的。

日本在参与全球气候治理中观念发生了很大改变。观念的变化使日本在承诺、行动等具体参与过程中发生了相应的改变。归根结底，日本认为自己不是全球气候治理的领导者，或者自己没有相应的国际权力来实现成为气候治理领导者的初衷。

日本在参与全球气候治理之初，即20世纪80年代末至90年代初的时期希望以参与国际环境事务这一非传统安全领域的全球事务，来获得国际社会的好感从而在国际事务中掌握一定的话语权，谋求与其经济大国相符合的国际政治地位。一直以来日本都希望成为联合国安全理事会常任理事国。参与全球环境事务、为全球环境作贡献使日本既能发挥特长，又可以避免传统政治中的国际冲突，可谓是日本走向国际政治舞台的"最佳

选择"。

而京都气候大会之后，日本参与全球气候治理的政治诉求逐渐下降，从《京都议定书》生效至巴黎大会，日本一改往日力求成为"领导者"的态度，开始更加追求经济利益。日本更多地将"气候外交"视为经济能源问题，这种倾向大于将"气候外交"视为国际政治外交问题的倾向。可以说这是日本气候减排承诺不断转变的主要原因。笔者认为，《京都议定书》生效至巴黎大会的一段时期里，日本更注重"利益回收"——即以 CDM、JCM 等机制为平台，对外输出日本的技术、人才、设备和气候有益知识产权等软实力"武器"，从而实现对全球气候治理投入的成本回收。因为日本是全球气候资金的最大出资国之一，且在环境 ODA 方面多有投入。

在参与全球气候治理的过程中，日本始终无法摆脱美国因素的影响，因为日本经济产业省、经团联、工商产业界普遍认为：美国是日本不可或缺的经济伙伴，且从日本工业保持国际竞争力的角度来看，获得美国参与对于日本产业界来说至关重要。对美国因素的过分考虑在一定程度上影响了日本的参与意愿。

使日本观念产生变化的原因一方面是日本不具有"大国"相应的实力和全球话语权；另一方面是日本的减排实力不如欧盟，甚至不如美国。由于应对气候变化已经不只是环境问题，更是经济问题、发展权问题、外交问题（国际政治），因此日本参与全球气候治理之初的以环保大国赢得国际政治地位的想法难免有些一厢情愿。随着各谈判利益集团的矛盾越来越复杂化、碎片化，包括日本在内的许多国家都认识到：全球气候治理是一个关于"真金白银"的问题，甚至在国际谈判中有可能是一个"兵戎相见"的问题。尽管气候变化是一个关乎全球公共环境的问题，各国都会受其影响，但在现阶段各国家、利益团体都无法真正超越自身利益。附件一缔约方之间、伞形集团国家等利益趋同方也会存在分歧，形成"集体行动的困境"。此外，日本的经济实力、减排技术发展相比欧盟、美国并没有优势，日本并没有能力肩负起气候治理领导者的责任。日本虽然经常被视为亚洲环境事务的领导者，但其也会经常"差异化"对待环保问题（与气候问题无关，但会影响其名誉），如捕鲸、买卖象牙、从其他国家进口木材等。在提供亚洲环境公共产品的同时，日本也被视为环境的"掠夺者"，这对日本在亚洲的环境事务中的影响力极其不利。同时，亚洲新兴国家不断发展，其也成为日本成为环保"领导者"的竞争对手。而一些发展中国家仍认为日本是环境大国，要求日本承担相关责任的愿望（或者说是"惯性"）依然存在。换而言之，日本在全球环境事务中处于"惹不起又躲不掉"的困境之中。日本惹不起美国和欧盟，躲不掉国际社会要求其承担的责任。

二、日本参与全球气候治理的特点

本书通过研究发现，日本参与全球气候治理有如下特点。

（一）温室气体排放水平受国内因素影响

日本排放趋势重要驱动因素包括人口发展（人口密度高、家庭数量增加、社会老龄化），经济结构变化（部分从工业转向服务业），一次能源使用的变化（核电厂运行率暂时大幅下降）和年平均地表温度（加热天数、使用空调）的增加。[①] 这些日本国内的种种看似与减排关系密切或没有关联的现实因素，在一定程度上都会对日本参与气候治理产生影响。

（二）以提供援助、出资实现大国责任却并未真正做到"正义"

在缔约方大会第三届会议期间宣布的"京都倡议"仍然是日本向特别容易受到气候变化不利影响的国家提供援助的主要工具。日本根据三大支柱对这些国家提供提供援助：第一支柱是能力建设方面的合作；第二支柱是具有最优惠条件的官方发展援助贷款（年利率0.75%，还款期40年）；第三支柱是有效利用和转让日本的技术和专门知识。1998—2004年，约有13000名国际专家接受了培训，从1997年12月至2005年3月，日本政府共提供了83项优惠贷款，总额为1.9万亿日元。[②]

日本根据其对GEF第五个充资期（GEF 5）的承诺，提供了有关对全球环境基金的捐款的信息。日本是GEF 5的第二大捐助国，并承诺在2011—2012年期间提供约两亿美元资金，其中9600万美元用于气候专项项目。UNFCCC专家组赞赏日本通过使用包括私营部门在内的各种渠道，成为气候融资最大贡献者之一。ERT指出，尽管日本自2011年东日本大地震

---

① UNFCCC: FCCC/IDR.4/JPN, 2007.

② Ibid.

以来面临严重困难，但仍作出并保留了这些承诺。在审查期间，日本表示政府没有向适应基金提供公共资金，而是通过私营部门根据清洁发展机制的收益份额作出贡献。①

然而在谈判中，日本从未真正团结发展中国家，日本避免就气候变化的正义或公平问题进行充足讨论的立场可能限制了它在国际谈判中发挥重要作用的机会。很多情况下日本将气候变化的"经济"利益优先考虑，而在国际政治一级则优先考虑美国，在国内政策中并没有将本国政策与全球气候变化真正融合。日本一直在考虑和实践的问题都是气候变化"适应"，而不是如何"减缓"。此外，日本在参与全球气候治理的环境ODA过程中经常"授人以鱼"而非"授人以渔"。

（三）国内利益集团合作与冲突并存

日本国内的官僚机构各自考虑自身利益和本部门优势是否可以充分发挥。在京都气候大会召开之后（或许更早），当意识到应对气候变化减排是关乎"真金白银"的问题之后，日本就逐渐失去了对气候变化问题的热情。日本国内的决策层面也存在许多冲突，特别是官僚机构和工业团体之间的矛盾相对显著。许多产业界人士对京都会议的结果以及《京都议定书》下的减排目标感到不满。在福岛核电站事故之后，产业界也十分担心能源进口的影响会增加成本。因此，日本产业界在很大程度上会干预政府部门的决定，特别是能源密集型产业。

另一方面，政府的频繁更迭使日本在应对气候变化问题上并没有长期的战略和长远的规划。1988—2015年，有33位政治家担任过环境大臣，日本首相也经常更换。这使得政治家和官僚机构的合作并不十分顺利，或者说他们之间的合作在多数情况下是暂时的，没有达成战略高度的一致。

（四）在国际交涉层面更优先考虑美国的立场

一些日本利益相关者，特别是工业部门的利益相关者，坚持认为日本产业相对于其他发达国家特别是美国和欧洲处于最不利地位，特别是在《京都议定书》的第一个承诺期内（2008—2012年）。日本政府始终尊重美国在气候变化问题上的立场，日本对美国的关注甚至超过了对本国的关

---

① UNFCCC: FCCC/IDR.6/JPN, 2015.

注。例如，在1997年京都会议前的谈判期间，日本关于量化限制和减少目标（QELROs）的提案允许人口增长率相对较高的国家（如美国）制定在其他国家集团标准之下的减排目标。在接下来的谈判中，日本一般都遵循了伞形集团的立场。日本认为美国是世界上最大的温室气体排放国，如果没有它的参与，任何气候变化制度都不会有效。日本决策者很有可能将美日联盟视为日本外交政策的核心，或者将全球气候问题视为美日两国间的外交、经济问题。

至此，笔者所思考的问题是：假如美国如欧盟一样是应对气候变化的积极领导者，或者减排态度十分坚决，日本参与全球气候治理会有怎样的表现？如果美国履行《京都议定书》下的承诺，日本是否还会拒绝《京都议定书》第二承诺期？尽管日本面临许多困难的因素。

（五）经济外交与政治目标结合，重视经济利益与成本回收

由于日本长期以来都缺乏能源供应且自然灾害频发，为了应对这些挑战，20世纪80年代开始日本就着力发展绿色环保技术。发展绿色产业涉及工业政策和日本经济外交战略的改革，符合国家在经济繁荣和政治稳定方面的利益。

从日本参与《京都议定书》下灵活机制的表现中可以看出，日本十分注重绿色经济外交。日本积极地参与各种CDM项目，并主张将本国的优势技术CCS纳入CDM框架下，以便在绿色经济中更好地发挥优势。而CDM的机制审批流程相对较复杂，因此，日本开始主导由本国对亚洲其他国家的双边机制JCM，力求更加直接有效地主导绿色经济外交。

综合来看，日本将环保、节能减排置于核心地位的主要目标是寻求海外新市场、资源安全、确保与其他国家的合作关系。虽然日本在参与全球气候治理，平衡国内政治等问题上也起了重要作用，但其追求经济利益的趋势愈加明显。

（六）福岛核电站事故后重新认识能源与减排之间的关系

20世纪70年代，日本开始大力发展核电，以满足推动经济增长和减轻对能源依赖的需求。然而，2011年3月发生的东日本大地震给日本造成了相当大的损害，致使15889人死亡，2601人失踪，超过一百万座建筑物遭到破坏。福岛核电站事故对日本来说是沉痛的教训。因为核电对日本来说

一直是清洁能源，它能够为日本提供充足的发电量，且不会产生加重地球温室效应的二氧化碳。然而福岛核电站事故带来的生命、财产损失之巨大确实改变了日本对核电的认识。日本在此后一直将能源安全置于能源问题的优先地位，此外发展包括可再生能源在内的新能源也是日本追求的能源新方向。新能源的发展受到政府的大力支持，日本政府于2017年出台"氢能源基本战略"，试图打开新能源的市场先机。可以说福岛核电站事故不仅给了日本教训，还给日本带来发展新能源技术的机遇与挑战。

三、对中国的启示

中国是全球气候治理机制的重要参与者，尤其是在《巴黎协定》的达成和生效过程中，中国逐渐由参与治理变为发挥核心作用。且由于美国对《巴黎协定》态度反复，未来的全球治理机制更离不开中国的支持。中国国家主席习近平在第七十五届联合国大会上宣布，中国将力争于2030年前实现二氧化碳排放达峰，努力争取2060年前实现碳中和目标。这是一项具有里程碑意义的声明。在全球新冠肺炎疫情持续蔓延、气候危机不断加剧、生态退化、经济下行、多边主义受阻的艰难时刻，中国最高领导人发表关于"绿色复苏"与净零排放的声明，展现了中国坚定不移走可持续发展道路的决心与勇气，释放了明确的绿色、低碳经济转型的长期政策信号，有助于提振各国尤其是发展中国家应对气候变化的信心，为国际气候治理与绿色发展议程注入新的政治动力。

（一）积极参与全球气候治理，彰显大国责任

中国在全球气候治理机制中发挥核心作用是由于日益强烈的合作意愿和日益提高的合作能力。[1] 2015年习近平出席巴黎气候大会开幕式时发表题为《携手构建合作共赢、公平合理的气候变化治理机制》的重要讲话，明确指出"各尽所能、合作共赢""奉行法治、公平正义""包容互鉴、共同发展"的全球气候治理概念。[2] 中国在全球气候治理中主张合作共赢，即

---

① 薄燕、高翔：《中国与全球气候治理机制的变迁》，上海人民出版社，2017，第284页。

② 习近平：《携手构建合作共赢、公平合理的气候变化治理机制——在气候变化巴黎大会开幕式上的讲话》，人民网，2015年11月30日，http://politics.people.com.cn/n/2015/1201/c1024-27873625.html2015，访问日期：2019年12月1日。

面对气候变化这一人类共同挑战，中国与国际社会共同面对、共同治理，与各方通力合作迎接挑战；公平正义即坚持气候变化的"共区原则"，强调发达国家应承担历史责任，同时发展中国家也应该以各自能力积极应对，发达国家还应该向发展中国家提供技术、资金等的支持；包容互鉴就是各国在气候变化问题上虽然能力和国情各不相同，但是要彼此尊重，彼此借鉴，彼此理解，允许各国寻找最适合本国的策略。

中国国内碳减排成效显著。中国作为最大的发展中国家，虽然仍然面临改善民生等艰巨发展任务，但始终积极承担符合自身发展阶段和国情的国际责任，采取实实在在的举措。[1] 2018年，中国单位GDP二氧化碳排放比2005年下降45.8%，相当于减少二氧化碳排放52.6亿吨。中国也是对可再生能源投资最多的国家，可再生能源装机占全球的30%，在全球增量中占比44%，中国的新能源汽车保有量也占全球一半以上。[2]

中国始终站在"正义""道义"的角度看待气候变化问题，真正地把气候变化当作全人类共同的难题，而不只是考虑本国的经济利益。气候变化是人类命运共同体的最好体现，应对气候变化是全世界、全人类共同的责任。中国应该秉承"人类命运共同体"的思想，倡导世界构建气候变化领域的人类命运共同体。

2019年3月中法双方发表联合声明，重申两国将共同应对气候变化，履行《巴黎协定》。4月，中欧签署了《关于落实中欧能源合作的联合声明》，强调了清洁能源合作的重要性。中国和新西兰共同发表了《中国—新西兰领导人气候变化声明》。6月，中俄签署了《关于发展新时代全面战略协作伙伴关系的联合声明》，提出加强双方包括应对气候变化在内的自然灾害防治和紧急救灾领域合作，进一步加强气候行动。

中国与发达国家气候治理合作取得新进展的同时，积极推动应对气候变化的南南合作。2019年4月，"一带一路"绿色发展国际联盟在北京成立，以促进"一带一路"沿线国家展开生态环境保护和应对气候变化，实现绿

---

[1] 杨晨曦：《全球治理：基础动摇 赤字扩大》，载中国国际问题研究院编《国际形势和中国外交蓝皮书（2020）》，世界知识出版社，2020，第167页。

[2] 《2019年12月16日外交部发言人耿爽主持例行记者会》，外交部网，2019年12月16日，http://www.fmcoprc.gov.hk/chn/zt/fyrbt/t1724850.htm，访问日期：2020年12月1日。

色可持续发展。截至2019年9月，中国已经与其他发展中国家签署了30多份气候变化南南合作谅解备忘录，合作建设低碳示范区，开展减缓和适应气候变化项目，举办应对气候变化南南合作培训班。[①]

（二）加强技术开发与科技创新，为提高气候治理的国际话语权奠定基础

虽然中国在气候变化领域的投入有所增加，但是与欧美等发达国家还有差距。中国要加大资金投入，鼓励科研人员在相关问题上投入精力，加强应对气候变化方面的团队建设，以此提高中国在全球气候治理中的话语权。中国是主权国家，在气候治理中也要掌握一定的主动权，兼顾他国、尊重他国、借鉴包容并不是要一味妥协，牺牲自己合理的利益诉求。同时中国要优化国内产能结构，大力发展节能环保技术，加强对相关人员的教育、培养。中国还要进一步提高国内治理能力，有效履行有关气候变化的承诺，强化应对气候变化透明度，做到既有参与全球气候治理的意愿又有参与的能力。

早在2013年，习近平总书记就指出，"绿水青山就是金山银山"。处理好保护与发展的关系，处理好人与自然的关系是习近平生态文明思想的精髓。[②]党的十八大以来，以习近平生态文明思想为指引，我国自然资源利用和生态环保取得了重大进展。主要体现在以下方面：生态文明理念不断深入人心；资源管理制度体系加快形成；资源利用水平稳步提升；生态环境供给明显增加。[③]党的十九届五中全会通过的《中共中央关于制定国民经济和社会发展第十四个五年规划和二〇三五年远景目标的建议》提出，"十四五"时期要"推动绿色发展，促进人与自然和谐共生"，强调全面提高资源利用效率。

"十四五"时期中国将继续坚持"绿水青山就是金山银山"理念，坚持尊重自然、顺应自然、保护自然，坚持节约优先、保护优先、自然恢复

---

① 杨晨曦：《全球治理：基础动摇 赤字扩大》，载中国国际问题研究院编《国际形势和中国外交蓝皮书（2020）》，世界知识出版社，2020，第168页。

② 陆昊：《全面提高资源利用效率》，载《〈中共中央关于制定国民经济和社会发展第十四个五年规划和二〇三五年远景目标的建议〉辅导读本》，人民出版社，2020。

③ 同上。

为主，完善市场化生态补偿，推进资源总量管理、科学配置、全面节约、循环利用。[①]

（三）加强参与气候治理的规则意识与领导能力

2020年9月22日以来，习近平主席在第七十五届联合国大会一般性辩论、联合国生物多样性峰会、第三届巴黎和平论坛、金砖国家领导人第十二次会晤和二十国集团领导人利雅得峰会"守护地球"主题边会等多个国际重要场合发表讲话，向国际社会郑重宣布中国将提高国家自主贡献力度，采取更加有力的政策和措施，二氧化碳排放力争于2030年前达到峰值，努力争取2060年前实现碳中和。2020年，依据《巴黎协定》，我国要向联合国提交两个重要的报告，一个是《国家自主贡献更新报告》，另一个是《本世纪中叶长期温室气体低排放发展战略》。

应对气候变化是一个"公地"问题，解决这个问题，给予市场一个长期、稳定、有力度的政策预期非常重要。国际社会在经历了美国退出《巴黎协定》等一系列事件后，应对气候变化进入低潮期。当前，全球受到新冠肺炎疫情的冲击，全球治理正处在"十字路口"。在这样一个全球目标不明晰的时刻，我国主动提出了以碳中和愿景为引领的21世纪中叶长期温室气体低排放发展战略，极大地提振了国际社会共同实施《巴黎协定》和推动疫后世界经济"绿色复苏"的信心。[②]

在百年未有之大变局下，中国要更有建设性、规划性地参与后巴黎时代的气候治理规则制定。其主要内容包括：如何提交国家自主贡献和适应通报；透明度框架和全球盘点程序如何运作；如何促进各方遵约；如何确认国际碳市场的地位和规则；了解发达国家如何报告气候资金的情况；等等。[③]

（四）重视能源安全，吸取日本经验教训

在快速发展的基础上，要更加重视能源安全，特别是要吸取日本福岛教训，对核电站的布置和检查要慎重。对核电危险要防范于未然，避免核

---

① 陆昊：《全面提高资源利用效率》。

② 柴麒敏等：《全球气候变化与中国行动方案 ——"十四五"规划期间中国气候治理（笔谈）》，《阅江学刊》2020年第6期。

③ 薄燕、高翔：《中国与全球气候治理机制的变迁》，上海人民出版社，2017，第297页。

电事故给减排带来压力，给人民的生命和财产带来威胁。核电产业要严格自律，任何时候也不能将自身的经济利益置于公众利益之上，不能为追求经济效益而降低安全标准。

福岛核事故的祸根不是天灾"海啸"和"地震"，而是"人祸"，是日本核安全监管机构即原子能安全保安院（NISA）和东电公司触及了核安全的"红线"，将自身经济利益置于公众安全利益之上。中国核电发展要有整体规划和区域合理布局，对于敏感地区和战略核心地带的核电项目决策必须慎之又慎。① 核电产业是庞大而复杂的系统工程，产业链前端是天然铀资源的勘探储备；中端是核电机组建设；后端是核废料处理和核电站退役。发展核电产业要有整体规划，核电站设计、制造、调试、运行、管理维护、事故处理等各方面的能力要协同发展。同时，对于敏感地区和战略要地的核电站项目在决策时要慎之又慎，要从"一旦出事会有什么后果、国家要付出多大代价"的角度来权衡，而不是仅从地方能源需求和投资需求出发。②

此外，我们还应意识到中日两国之间在气候治理合作方面有很大的空间。在政府层面，中日两国通过中日经济高层对话机制、中日友好环境保护中心、中日政府间科技合作联委会等保持合作。在官民一体化方面，中日两国通过中日节能环保综合论坛、中日环境合作综合论坛、日本贸易振兴机构、日本新能源产业技术综合开发机构、日中经济协会在华设立的事务所等机制和参与主体来实现全面合作。③ 中日应该意识到，气候合作关乎民生、民心。民心相通建设成果为"一带一路"建设奠定了良好的民意基础。中日两国关于气候治理的合作，是中日两国民心相通的重要桥梁。

---

① 王亦楠：《日本核电专家在福岛核事故前后的十大反思》，《中国经济周刊》2015年第33期。
② 同上。
③ 张海滨：《应对气候变化：中日合作与中美合作比较研究》，《世界政治与经济》2009年第1期。

参考文献

一、中文专著

奥兰·扬:《世界事务中的治理》,陈玉刚、薄燕译,上海人民出版社,2007。

南川秀树等:《日本环境问题:改善与经验》,社会科学文献出版社,2017。

安德鲁·德斯勒、爱德华·帕尔森:《气候变化:科学还是政治?》,李淑琴等译,中国环境科学出版社,2012。

薄燕、高翔:《中国与全球气候治理机制的变迁》,上海人民出版社,2017。

陈刚:《京都议定书与国际气候合作》,新华出版社,2008。

冯昭奎:《能源安全与科技发展——以日本为案例》,中国社会科学出版社,2015。

《日本政府机构》编写组:《日本政府机构》,上海人民出版社,1977。

王帆、卢静编《国际安全概论》,世界知识出版社,2010。

王蕾:《日本政府与外交体制》,世界知识出版社,2016。

王学东:《气候变化问题的国际博弈与各国政策研究》,时事出版社,2014。

魏全平等:《日本的循环经济》,上海人民出版社,2006。

张海滨:《环境与国际关系:全球环境问题的理性思考》,上海人民出版社,2008。

《中共中央关于制定国民经济和社会发展第十四个五年规划和二〇三五年远景目标的建议》,人民出版社,2020。

中国国际问题研究院编《国际形势和中国外交蓝皮书（2020）》，世界知识出版社，2020。

朱松丽、高翔：《从哥本哈根到巴黎——国际气候制度的变迁和发展》，清华大学出版社，2007。

朱守先、庄贵阳编《气候变化的国际背景与条约》，科学技术文献出版社，2015。

二、中文期刊

毕珍珍：《日本的"氢能源基本战略"与全球气候治理》，《国际论坛》2019年第2期。

曹亚斌：《全球气候谈判中的小岛屿国家联盟》，《现代国际关系》2011年第8期。

柴麒敏、安国俊、钟洋：《全球气候基金的发展》，《中国金融》2017年第12期。

常思纯：《日本对华官方开发援助40年回顾与展望》，《东北亚学刊》2018年第4期。

陈迎：《国际气候制度的演进及对中国谈判立场的分析》，《世界经济与政治》2007年第2期。

董亮：《会议外交、谈判管理与巴黎气候大会》，《外交评论》2017年第2期。

董亮：《科学与政治之间：大规模政府间气候评估及其缺陷》，《中国人口·资源与环境》2018年第7期。

董亮：《日本对东盟的环境外交》，《东南亚研究》2017年第2期。

樊柳言、曲德林：《福岛核事故后的日本能源政策转变及影响》，《东北亚学刊》2012年第2期。

冯昭奎：《20世纪前半期日本的能源安全与科技发展》，《日本学刊》2013年第5期。

冯昭奎：《战后世界能源形势与日本的能源安全》，《日本学刊》2013年第3期。

高翔、王文涛:《〈京都议定书〉第二承诺期与第一承诺期的差异辨析》,《国际展望》2013年第4期。

宫笠俐:《多中心视角下的日本环境治理模式探析》,《经济社会体制比较》2017年第5期。

宫笠俐:《决策模式与日本环境外交——以日本批准〈京都议定书〉为例》,《国际论坛》2011年第6期。

宫笠俐:《日本在国际气候谈判中的立场转变及原因分析》,《当代亚太》2012年第1期。

宫笠俐:《战后日本对华环境援助简析》,《东北亚学刊》2014年第3期。

郝敏:《〈巴黎协定〉后气候有益技术的知识产权前景探析》,《知识产权》2017年第3期。

何一鸣:《日本的能源战略体系》,《现代日本经济》2004年第1期。

胡王云:《日本现代环境治理体系分析》,《经济研究》2015年第4期。

华义:《日本批准加入气候变化〈巴黎协定〉》,《中国科学报》2016年11月10日,第2版。

黄昌朝:《日本在东亚区域环境公共产品供给中的作用分析》,《日本学刊》2013年第6期。

蒋佳妮、王灿:《全球气候谈判中的知识产权问题——进展、趋势及中国应对》,《国际展望》2016年第2期。

井志忠:《"后福岛时代"的日本电力产业政策走向》,《现代日本经济》2012年第1期。

李海东:《奥巴马政府的气候变化政策与哥本哈根世界气候大会》,《外交评论》2009年第6期。

李慧明:《〈巴黎协定〉与全球气候治理体系的转型》,《国际展望》2016年第2期。

李少军:《国际关系研究与诠释学方法》,《世界经济与政治》2006年第10期。

李小军:《日本后福岛时期的核能政策研究》,《国际政治研究》2017年第3期。

李宗录:《绿色气候基金融资的正当性标准与创新性来源》,《法学评论》2014年第3期。

梁慧:《日本氢能源技术发展战略及启示》,《国际石油经济》2016年第8期。

林晓光:《日本政府的环境外交》,《日本学刊》1994年第1期。

刘晨阳:《日本气候外交战略探析》,《现代国际关系》2009年第10期。

刘劲聪:《日本企业环境经营的探析》,《国际经济战略》2011年第1期。

刘小林:《日本参与全球治理及其战略意图——以〈京都议定书〉的全球环境治理框架为例》,《南开学报（哲学社会科学版）》2012年第3期。

吕耀东:《东日本大地震后的日本外交策略浅析》,《日本学刊》2011年第4期。

吕耀东:《洞爷湖八国峰会与日本外交战略意图》,《日本学刊》2008年第6期。

吕耀东:《试析日本的环境外交理念及取向——以亚太环境会议机制为中心》,《日本学刊》2008年第2期。

马建英:《从科学到政治：全球气候变化问题的政治化》,《国际论坛》2012年第6期。

孟浩、陈颖健:《日本能源与CO_2排放现状、应对气候变化的对策及其启示》,《中国软科学》2012年第9期。

潘寻:《气候公约资金机制下发达国家出资分摊机制研究》,《中国地质大学学报（社会科学版）》2016年第3期。

屈彩云:《宏观与微观视角下的日本环境ODA研究及其对中国的启示》,《东北亚论坛》2013年第3期。

屈彩云:《经济政治化：日本环境援助的战略性推进、诉求及效应》,《日本学刊》2013年第6期。

屈彩云:《日本环境外交战略初探》,《现代国际关系》2011年第1期。

曲博:《因果机制与过程追踪法》,《世界经济与政治》2010年第4期。

沈海涛、赵毅博:《日本对华环境外交：构建战略互惠关系的新支柱》,《东北亚论坛》2008年第5期。

沈绿野、杨璞:《浅析绿色气候基金长期资金的来源模式》,《经济研究导刊》2017年第6期。

苏伟、孙国顺、赵军:《〈京都议定书〉第二承诺期谈判艰难迈出第一步》,《气候变化研究进展》2006年第4期。

孙振清、张晓群:《日本企业减少环境负担的举措和启示》,《中国人口·资源与环境》2004年第5期。

田春秀、李丽平:《日本环境厅明年升格为环境省》,《世界环境》2000年第3期。

王爱华、陈明、曹杨:《全球环境基金管理机制的借鉴及启示》,《环境保护》2016年第20期。

王鸿:《气候变化背景下的知识产权国际保护之争》,《河海大学学报(哲学社会科学版)》2016年第5期。

王琦:《日本应对气候变化国际环境合作机制评析:非国家行为体的功能》,《国际论坛》2018年第2期。

王文涛、滕飞、朱松丽等:《中国应对全球气候治理的绿色发展战略新思考》,《中国人口·资源与环境》2018年第7期。

王文涛、朱松丽:《国际气候变化谈判:路径趋势及中国的战略选择》,《中国人口·资源与环境》2013年第9期。

王新生:《安倍长期执政的原因探析:社会变迁、制度设计、"安倍经济学"》,《日本学刊》2018年第3期。

夏先良:《新能源技术转让需要强健的知识产权保护》,《中国能源》2012年第10期。

徐梅:《日本的海外能源开发与投资及启示》,《日本学刊》2015年第3期。

叶静亚:《二战后日本能源安全政策演变分析》,《特区经济》2012年第12期。

尹晓亮:《日本能源外交与能源安全评析》,《外交评论》2012年第6期。

于宏源:《气候谈判地缘变化和华沙大会》,《国际关系研究》2014年第3期。

张海滨:《气候变化正在塑造21世纪的国际政治》,《外交评论》2009年第6期。

张季风:《日本能源形势的基本特征与能源战略新调整》,《东北亚学刊》2015年第5期。

张季风:《震后日本能源战略调整及其对我国能源安全的影响》,《东北亚论坛》2012年第6期。

张庆阳:《国际社会应对气候变化发展动向综述》,《中外能源》2015年第8期。

张益纲、朴英爱:《日本碳排放交易体系建设与启示》,《经济问题》2016年第7期。

赵斌:《全球气候政治的碎片化:一种制度结构》,《中国地质大学学报(社会科学版)》2018年第5期。

赵卉、刘永祺:《二氧化碳捕获和存储作为清洁发展机制项目的潜力与障碍分析》,《四川环境》2008年第2期。

赵旭梅:《中日环保合作的市场化运作模式探析》,《东北亚论坛》2007年第6期。

郑文文、曲德林:《后核时代日本能源政策走向的三方动态博弈分析》,《日本学刊》2013年第4期。

舟丹:《清洁能源机制》,《中外能源》2016年第9期。

周杰:《日本核电重启之路还能走多远?》,《中国能源报》2018年1月17日。

周永生:《日本政府开发援助与对华经援的结束》,《国际论坛》2007年第6期。

庄贵阳、陈迎:《试析国际气候谈判中的国家集团及其影响》,《太平洋学报》2001年第2期。

庄贵阳、周伟铎:《全球气候治理模式转变及中国的贡献》,《当代世界》2016年第1期。

柴麒敏等:《全球气候变化与中国行动方案 ——"十四五"规划期间中国气候治理(笔谈)》,《阅江学刊》2020年第6期。

王亦楠:《日本核电专家在福岛核事故前后的十大反思》,《中国经济周刊》2015年第33期。

张海滨:《应对气候变化:中日合作与中美合作比较研究》,《世界政治与经济》2009年第1期。

三、英文专著

Arild Underdal, "Leadership in International Environmental Negotiations: Designing Feasible Solutions," in *The Politics of International Environmental Management*, eds. A. Underdal et al. (Dordrecht: Kluwer Academic Publishers, 1997), pp.101-127.

Berridge G. R, *Diplomacy: Theory and Practice* (Basingstoke: Palgrave Macmillan, 2005).

Dana R Fisher, "Beyond Kyoto: The Formation of a Japanese Climate Change Regime," in *Global Warming and East Asia—The Domestic and International Politics of Climate Change*, ed. Paul G. Harris (London: Routledge, 2003), pp.187–205.

Eads George C, and Yamamura Kozo, "The Future of Industrial Policy," in *The Political Economy of Japan, Volume 1: The Domestic Transformation*, eds. Yamamura Kozo and Yasuba Yasukichi (Stanford CA: Stanford University Press, 1987).

Guri Bang, Arild Underdal and Steinar Andresen (eds.), *The Domestic Politics of Global Climate Change: Key Actors in International Climate Cooperation* (Cheltenham: Edward Elgar Publishing, 2005).

Hans Günter Brauch, Úrsula Oswald Spring eds., *Coping with Global Environmental Change, Disasters and Security: Threats, Challenges, Vulnerabilities and Risks*, (Berlin: Springer, 2011).

Hidefumi Imura and Miranda Schreurs eds., *Environmental Policy in Japan* (Cheltenham UK: The World Bank and Edward Elgar, 2005).

Hiroshi Ohta, "Japanese Climate Change Policy: Moving Beyond the Kyoto Protocol," in *Coping with Global Environmental Change, Disasters and Security: Threats, Challenges, Vulnerabilities and Risks*, eds. Hans Günter Brauch and Úrsula Oswald Spring (Berlin: Springer, 2011), pp.1381–1391.

Hiroshi Ohta, "Japanese Environmental Foreign Policy," in *Japanese*

Foreign Policy Today: A Reader, eds. Takashi Inoguchi and Purnendra Jain (New York: Palgrave, 2000), pp.96-121.

Hiroshi Ohta, "Japanese Foreign Policy on Climate Change: Diplomacy and Domestic Politics," in *Climate Change and Foreign Policy*, eds. Paul G. Harris (Abingdon: Routledge, 2009), pp.36-52.

Johnson Chalmer, *MITI and the Japanese Miracle, 1925–1975* (Stanford: Stanford University Press, 1982), pp.198-241.

Kubo Haruka, "The Possibilities for Climate Change Policy Integration as Seen from Japan's Political and Adminisrative System," in *Governing Low-Carbon Development and the Economy*, eds. Hidenori Niizawa, and Toru Morotomi (Tokyo: United Nations University Press, 2015), pp.185–206.

Masahiko Iguchi, Alexandru Luta and Steinar Andresen, "Japan's Climate Policy: Post Fukushima and Beyond," in *The Domestic Politics of Global Climate Change: Key Actors in International Climate Cooperation*, eds. Guri Bang and Arild Underdal (Cheltenham: Edward Elgar Publishing, 2015), pp.119-140.

Michael E. Kraft and Sheldon Kamieniecki, "Analyzing the Role of Business in Environmental Policy," in *Business and Environmental Policy: Corporate Interests in the American Political System*, eds. Michael E. Kraft and Sheldon Kamieniecki (Cambridge MA: MIT Press, 2007), pp.3-32.

Michel Grubb, Jean-Charles Hourcade, Karsten Neuhoff, *Planetary Economics* (New York: Routledge, 2014).

Mills C. Wright, *The Power Elite* (Oxford: Oxford University Press, 1956), pp.269-298.

Ministry of Foreign Affairs, *Japan's ODA 1992 Annual Report* (Tokyo: Association for Promotion of International Cooperation, 1993), pp.36-37.

Ministry of Foreign Affairs, *ODA Hakusho* (ODA White Paper) (Tokyo: Governmental Publication, 1998).

Miranda A. Schreurs, *Environmental Politics in Japan, Germany and the United States*(Cambridge: Cambridge University Press, 2002).

Nester William, *The Foundation of Japanese Power: Continuities, Changes, Challenges* (New York: M.E. Sharpe, 1990), pp.135-242.

Nye Joseph, *Soft Power: The Means to Success in World Politics* (New York: Public Affairs, 2004), pp.1-30.

Oshitani Shizuka, *Global Warming Policy in Japan and Britain* (Macmillan: Manchester University Press, 2006), pp.1-336.

Rie Watanabe, *Climate Policy Changes in Germany and Japan: A Path to Paradigmatic Policy Change* (Abingdon: Routledge, 2011), pp.1-248.

Stephan Schmidheiny with Business Council for Sustainable Development, *Changing Course: A Global Business Perspective on Development and the Environment* (Cambridge MA: The MIT Press, 1992).

T. Berger, "From Sword to Chrysanthemum: Japan's Culture of Anti-Militarism," in *East Asian Security*, eds. M. Brown, S. Lynn-Jones, and S. Miller (Cambridge: MIT Press, 1998), pp.300-331.

Yasuko Kameyama, *Climate Change Policy in Japan, from the 1980s to 2015* (New York: Routledge, 2016).

四、英文期刊

Andrew Dewit, "Japan's Remarkable Renewable Energy Drive—After Fukushima," *Asia-Pacific Journal: Japan Focus*, 2012, p.1.

Andy Gouldson, "Environmental Policy and Governance," *Environmental Policy and Governance,* 2009, Vol.19, pp.1-2.

Bakker S, Coninck H. D. and Groenenberg H., "Progress on Including CCS Projects in the CDM: Insights on Increased Awareness, Market Potential and Baseline Methodologies," *Energy Procedia*, Vol.4, No.2, 2010, p.321.

David Potter, "Assessing Japan Environmental Aid Policy," *Pacific Affairs*, Vol. 67, No.2, 1994.

Eto R. Murata A., Uchiyama Y. and Okajima K, "Co-benefifits of Including CCS Projects in the CDM in India's Power Sector," *Energy Policy*, Vol.58, No. C,

2013, p.260.

Glenna L L, Cahoy D R, Kleiner A M, et al. "Agribusiness Concentration, Intellectual Property, and the Prospects for Rural Economic Benefits from the Emerging Biofuel Economy," *Southern Rural Sociology*, Vol. 24, No. 2, 2009, pp. 111-129.

Gregor Schwerhoff, "The Economics of Leadership in Climate Change Mitigation," *Climate Policy*, Vol.16, No.4, 2015, pp.1-19.

Hens Runhaar, Peter Driessenl and Caroline Uittenbroek, "Towards a Systematic Framework for the Analysis of Environmental Policy Integration," *Environmental Policy and Governance*, 2014, Vol.24, pp.233-246.

Hoekman Bernard M, K. E. Maskus, and K. Saggi, "Transfer of Technology to Developing Countries: Unilateral and Multilateral Policy Options,"*World Development*, Vol. 33, No. 10, 2005, pp. 1587-1602.

Hutchison Cameron J, "Does TRIPS Facilitate or Impede Climate Change Technology Transfer into Developing Countries?" *Social Science Electronic Publishing*, 2007 (2).

Jane Nakano, "Japan's Energy Supply and Security since the March 11 Earthquake," *Center for Strategic & International Studies, Commentary*, March 23, 2011.

Jeff Graham, "Japan's Regional Environmental Leadership," *Asian Studies Review*, Vol.28, No.3, 2004, pp.283-302.

Keith E Maskus and J. H. Reichman, "The Globalization of Private Knowledge Goods and the Privatization of Global Public Goods," *Journal of International Economic Law*, Vol. 7, No. 2, 2004, pp. 279-320.

Kuramochi Takeshi. "Review of Energy and Climate Policy Developments in Japan before and after Fukushima," in *Renewable & Sustainable Energy Reviews*, 2015, pp.1320-1332.

Maaike Okano-Heijmans, "Japan's 'Green' Economic Diplomacy: Environmental and Energy Technology and Foreign Relations," *Pacific Review*, Vol. 25, No.3, 2012, pp.339-364.

Michal Kolmaš, "Japan and the Kyoto Protocol: Reconstructing 'Proactive' Identity through Environmental Multilateralism," *The Pacific Review*, Vol.30, No.4, pp.462-477, January 2017.

Monir Hossain Moni, "Why Japan's Development Aid Matters Most for Dealing with Global Environmental Problems," *Asia-Pacific Review*, Vol. 16, NO.1, 2009.

Nature Editorial, "A Seismic Shift," *Nature*, Vol.12, 2015, p.528.

Navroz K D and Lavany R, "Beyond Copenhagen: Next Steps," *Climate Policy*, Vol.10, No.6, 2010, pp.593-599.

Peter Frankental, "Corporate Social Responsibility—A PR Invention?" *Corporate Communications: An International Journal*, Vol.6, No1, 2001, pp.18-23.

Riitberger Volker, "Global Conference Diplomacy and International Policy-Making: The Case of UN-Sponsored World Conferences," *European Journal of Political Research*, Vol.11, No.2, 2010, pp.167-182.

Ryo Fujikura, "Environmental Policy in Japan: Progress and Challenges after the Era of Industrial Pollution," *Environmental Policy and Governance*, 2011, Vol.21, pp.303-308.

Smith P, Davis S J, Creutzig F, et al, "Biophysical and Economic Limits to Negative CO_2 Emissions," *Nature Climate Change*, 2016, Vol. 6, No.1, pp.42-50.

Urpelainen Johannes, "Global Warming, Irreversibility, and Uncertainty: A Political Analysis,"*Global Environmental Politics*, Vol.12, No.4, 2012, pp. 68-85.

Watal Jayashree, "The TRIPS Agreement and Developing Countries," *The Journal of World Intellectual Property*, Vol. 1, No. 2, 1998, pp. 281-307.

Yasuko Kameyama, "Can Japan be an Environmental Leader? Japanese Environmental Diplomacy since the Earth Summit," *Politics and The Sciences*, Vol.21, No.2, 2002, p.66.

Yasuko Kameyama, "Climate Change and Japan," *Asia-Pacific View*, May,

2002, p.42.

五、日文专著

草野厚、《政策過程分析入門》、東京大学出版社、1997。

加納雄大、『環境外交，気候変動交渉とグローバル・ガバナンス』、信山社 、2013。

深井有、『気候変動とエネルギー問題 - CO2温暖化論争を超えて』、中公新书、2011。

外務省『政府開発援助（白書）』、国立印刷局、2003。

鄭方婷、『京都議定書後の環境外交』、三重大学出版会、2013。

竹内敬二『「地球温暖化」の政治学』、朝日選書604、1998。

六、日文期刊

「特集 アベノミクスの実相と安倍政権 財政破綻は避けられるのか 増税と再分配をめぐ って」、『ジャーナリズム?』2017年12月号、第6-23頁。

「"一帯一路" 日中の企業支援 沿線国開発に資金」、『読売新聞』2017年11月28日。

『財界展望』、冬季増刊1967年7月、第18—23頁。

IEEJ：田中琢実、「二酸化炭素回収・貯留（CCS）のCDM化手続を京都議定書締約国会合で採択」、2012年2月。

本部和彦、「気候変動交渉と技術移転メカニズム -- COP21 とパリ協定における技術の 役割（特集『パリ協定』後の気候変動対応）」、『アジ研ワールド・トレンド 』、2016年3月、第16頁。

吉高まり：「CDM事業の資金調達における炭素クレジットの活用」、三菱証券クリーン・エネルギー・ファイナンス委員会、2017年報告。

内藤英夫：「北九州市の国際環境協力と経験」、アジ研ワールド・トレンド 235 号，2015年。

日本経済団体連合会：環境自主行動計画〈温暖化対策編〉2008年度フォローアップ結果、概要版（2007年度実績）、2008年11月18日。

社団法人経済同友会：「地球温暖化問題に対する5項目提言」、1997年11月18日。

社団法人経済同友会：「温室効果ガス排出削減に向けて―カーボンフットプリントの活用と負担の構造改革―」、2018年1月18日。

社団法人経済団体連合会：『経済団体連合会十年史』、1962年、第一篇、第4―7頁。

社団法人経済団体連合会：『経済団体連合会五十年史』、1999年1月。

太田宏：「日本の環境外交の形成過程とその概要」、『青山学院大学総合研究所国際政治経済研究センター研究叢書』2002年。

田上麻衣子、「知的財産権は気候変動に係る技術移転の障壁か?」、『特許研究』、2009年9月。

田中加奈子、松橋隆治、山田興一：「低炭素社会の実現に向けた技術および経済・社会の定量的シナリオに基づくイノベーション政策立案のための提案―気候変動緩和技術の海外移転の促進」、独立行政法人・科学技術振興機構 低炭素社会戦略センター、平成25年（2013年）11月。

小圷一久・水野勇史：「クリーン開発メカニズム（CDM）の仕組みと現状」、『廃棄物資源循環学会誌』, Vol. 20, No. 4, pp. 149-157，2009年。

新エネルギー・産業技術総合開発機構（NEDO）：平成20年度京都メカニズムクレジット取得事業の結果について，プレスリリース2009年4月1日、NEDO京都メカニズム事業推進部2009年報告。

中山喬志、「知的財産権と環境―知的財産制度への挑戦を自主的に解決するには」、『特許研究』、2010年9月、第1頁。

有馬純、『精神論抜きの地球温暖化対策――パリ協定とその後』、エネルギーフォーラム、2016年10月。

足立治郎：「クリーン開発メカニズム（CDM）/国際協力」、「環境・持続社会」研究センター（JACSES）、2009年。

七、学位论文

宫笠俐:《冷战后日本环境外交决策机制之研究——以〈京都议定书〉的批准为中心》,博士学位论文,复旦大学,2010。

黄昌朝:《日本东亚环境外交研究》,博士学位论文,复旦大学,2013。

李娜:《日本区域环境外交研究——以亚太环境会议为例》,硕士学位论文,山西大学,2011。

闫楠:《国际气候谈判中的小岛屿国家联盟》,硕士学位论文,外交学院,2012。

八、网络文献

《日本公布减排路线图试行方案》,日本新华侨报网,2010年3月31日,http://www. jnocnews.jp/news/show.aspx?id=37211,访问日期:2018年12月20日。

《京都议定书目标达成计划》,上海图书馆情报服务平台,2007年5月9日,http://www.istis.sh.cn/zt/list/pub/jnhb/JST/zhengzhi/1178677853d66.html,访问日期:2018年11月20日。

《日本宣布150亿美元"有条件"援助发展中国家减排》,网易新闻,2009年12月17日,http://news.163.com/09/1217/17/5QOL9J41000120GU.html,访问日期:2018年12月20日。

习近平:《携手构建合作共赢、公平合理的气候变化治理机制——在气候变化巴黎大会开幕式上的讲话》,人民网,2015年11月30日,http://politics.people.com.cn/n/2015/1201/ c1024-27873625.html2015,访问日期:2019年12月1日。

《日本批准加入气候变化〈巴黎协定〉》,新华网,2016年11月9日,http://www.xinhuanet.com/world/2016-11/09/c_1119881156.htm,访问日期:2018年6月25日。

《各国领导人在巴黎气候变化大会上讲话要点》,央视新闻网,2015年

12月2日，http:// news.cntv.cn/2015/12/02/ARTI1449035025291868.shtml，访问日期：2018年12月20日。

张阳：《日官房长官称将努力发展非洲外交不输给中国》，环球网：2013年3月27日，

http://world.huanqiu.com/exclusive/2013-03/3773463.html?agt=15438，访问日期：2018年11月20日。

中国网：《谁在反对〈京都议定书〉?美国起反面作用》，2011年6月15日，http://www.china.com.cn/international/txt/2011-06/15/content_22790648.htm，访问日期：2018年6月25日。

《2019年12月16日外交部发言人耿爽主持例行记者会》，外交部网，2019年12月16日，http://www.fmcoprc.gov.hk/chn/zt/fyrbt/t1724850.htm，访问日期：2020年12月1日。

《中日关于全面推进战略互惠关系的联合声明（全文）》，中国政府网，2008年5月7日，http://www.gov.cn/jrzg/2008-05/07/content_964157.htm，访问日期：2018年11月20日。

IPCC, 2014, "Climate Change 2014: Synthesis Report Summary for Policymakers," Last Modified June 25, 2018, http://www.ipcc.ch/pdf/assessment-report/ar5/syr/AR5_SYR_FINAL_SPM.pdf.

UNFCCC, "Capacity building," Last Modified June 25, 2018, https://unfccc.int/process-and-meetings/the-convention/glossary-of-climate-change-acronyms-and-terms#c.

UNFCCC, 1997, "Emissions Trading," Last Modified June 25, 2018, https://unfccc.int/process/ the-kyoto-protocol/mechanisms/emissions-trading.

UNFCCC, 1997, "Joint Implementation," Last Modified June 25, 2018, https://unfccc.int/process/the-kyoto-protocol/mechanisms/joint-implementation.

UNFCCC, 1992, "Status of Ratification of the Convention," Last Modified June 25, 2018, https://unfccc.int/process/the-convention/what-is-the-convention/status-of-ratification-of-the-convention.

UNFCCC, 1997,"The Clean Development Mechanism," Last Modified June 25, 2018, https://unfccc.int/process-and-meetings/the-kyoto-protocol/

mechanisms-under-the-kyoto-protocol/the-cleandevelopment-mechanism.

UNFCCC, "What is the CDM," Last Modified June 25, 2018, http://cdm. unfccc.int/about/index. html.

UNFCCC, 1997, "What is the Kyoto Protocol?" Last Modified June 25, 2018, https://unfccc.int/process-and-meetings/the-kyoto-protocol/what-is-the-kyoto-protoco.

"NGOs and Climate Change in Japan," Last Modified November 15, 2018, http://www.gdrc.org/ngo/jp-ngo-cc.html.

UNFCCC, 2016, "What is the Paris Agreement?" Last Modified June 25, 2018, https://unfccc.int/process-and-meetings/the-paris-agreement/what-is-the-paris-agreement.

UNFCCC, "What are Bodies?" Last Modified June 25, 2018, https://unfccc. int/process-and-meetings/bodies/the-big-picture/what-are-bodies.

Daniel Bodansky and Lavanya Rajanani, "Key Legal Issues in the 2015 Climate Negotiations," Center for Climate and Energy Solutions, Last Modified June 25, 2018, http://www.c2es. org/doc Uploads/legal-issues-brief-06-2015. pdf.

IEEJ, "Japan Energy Brief," No.17, January 2012, Last Modified June 25, 2018, http:// eneken.ieej.or.jp/en/jeb.1201.pdf, 2016-07-28.

JCM HOME: "Basic Concept of the JCM," Last Modified June 25, 2018, https://www.jcm. go.jp/about.

John Hilary, "There is No EU Solution to Climate Change as Long as TTIP Exists," The Independent, December 7, 2015, Last Modified June 25, 2018, http://www.independent.co.uk/voices/there-is-no-eu-solution-to-climate-change-as-long-as-ttip-exists-a6763641.html.

Katsuhiko Mori, "A Historical Constructivist Perspective of Japan's Environmental Diplomacy," Last Modified June 25, 2018, http://web.isanet.org/Web/Conferences/AP%20Hong%20Kong%202016/Archive/a8e68aad-9abf-4add-8273-a77714949d15.pdf.

Lynann Butkiewicz, "Implications of Japan's Changing Demographics,"

Report of The National Bureau of Asian, Last Modified June 25, 2018, http://www.nbr.org/research/activity.aspx?id=304.

Masaru Tanaka, Shigeatsu Hatakeyama, 2016, "Towards Reframing the Spirit of ASEAN Environmentalism: Insights from Japan's COHHO Experience and Studies," Economic Research Institute for ASEAN and East Asia, Last Modified June 25, 2018, https://ideas. repec. org /p/era/wpaper/dp-2016 -05. html.

Ministry of Foreign Affairs (MOFA) (2008) Offificial Website of Toyako G8 Summit, Last Modified June 25, December 20, 2018, http://www. mofa. go.jp/policy/economy/summit/2008/index.html.

Ministry of the Environment (MOE), Japan's National Greenhouse Gas Emissions in Fiscal Year 2013, (Preliminary Figures), Last Modified June 25, 2018, http://www.env.go.jp/en/headline/2132.html.

Yoshio Mochizuki, " Minister of the Environment of Japan, at COP 20," Last Modified June 25, 2018, http://www.env.go.jp/en/earth/cc/cop20_statement_eng.pdf.

UNFCCC, "CDM Governance," Last Modified June 25, 2018, http://cdm.unfccc.int/EB/governance.html.

UNFCCC, "Japan, Submission by the Government of Japan Regarding Its Quantified Economy—Wide Emission Reduction Target for 2020," Last Modified June 25, 2018, http://unfccc.int/files/focus/mitigation/application/pdf/submission_by_the_government_of_japan.pdf.

UNFCCC, "Materiality Standard Under the Clean Development Mechanism," Last Modified June 25, 2018, http://cdm.unfccc.int/about/materiality/index.html.

かわごえ環境ネット：https://kawagoekankyo.net/news/，访问日期：2018年11月12日。

大森正之ゼミナール技術移転班：「二国間クレジットを利用した技術移転による地球温 暖化対策～発電技術の移 転で日本の削減目標の達成に貢献する～」、http://www.kisc.meiji.ac.jp/~omorizem/fifiles/16_gijyutu.

pdf，访问日期：2019年2月3日。

地球環境行動会議：http://www.gea.or.jp/11gea/11gea.html，访问日期：2018年11月12日。

公益財団法人，地球環境戦略研究機関（IGES）：https://www.iges.or.jp/jp/about/index.html，访问日期：2018年11月12日。

国際青年環境NGO："A SEED JAPAN"，http://www.aseed.org/about/。

環境再生保全機構：http://www.erca.go.jp/。

国立環境研究所：http://www.nies.go.jp/index.html#tab2。

環境省：「日本企業による国外での環境への取り組みに係る実施状況調査結果」、https://www.env.go.jp/earth/coop/coop/document/oemjc/H22/H22_summary.pdf。

経済産業省、「改正FIT法による制度改正について」、http://www.enecho.meti.go.jp/category/saving_and_new/saiene/kaitori/dl/fit_2017/setsumei_shiryou.pdf。

経済産業省：「Ｊ－クレジット制度」、http://www.meti.go.jp/policy/energy_environment/kankyou_keizai/japancredit/index.html。

経済産業省：「国際貢献」、http://www.meti.go.jp/policy/energy_environment/global_warming/contribution.htm。

経済産業省：「技術開発の推進」、www.meti.go.jp/policy/energy_environment/global_warming/techdeve.html。

経済産業省：「企業のための温暖化適応ビジネス入門」（2018年版）http://www.meti.go.jp/policy/energy_environment/global_warming/pdf/JCM_FS/Adaptation_business_guidebook.pdf。

経済産業省：「温暖化適応ビジネスの展望」（最終案）：http://www.meti.go.jp/committee/kenkyukai/energy_environment/ondanka_platform/kaigai_tenkai/pdf/005_10_01.pdf。

経済産業省・資源エネルギー庁：『エネルギー白書2014』，http://www.enecho.meti.go.jp/about/whitepaper/2014pdf。

経済産業省・地球環境連携・技術室、会議資料１：「CCSの現状について」、2013年、http://www.meti.go.jp/committee/kenkyukai/energy_

environment.html#ccs_kondankai。

　　橘川武郎：《川内核电站重启与核电的未来》，日本网，2016年1月21日，https://www.nippon.com/cn/currents/d00196/#auth_profile_0。

　　気候ネットワーク：https://www.kikonet.org/category/event/。

　　全国地球温暖化防止活動推進センター：http://www.jccca.org/link/。

　　認定特定非営利活動法人："FoE Japan"，http://www.foejapan.org/。

　　社団法人経済団体連合会：「今後の地球温暖化対策に関する提言」、http://www.keidanren.or.jp/policy/2015/033.html。

　　社団法人経済団体連合会：「経団連環境自主行動計画」、https://www.keidanren.or.jp/japanese/policy/pol133/index.html。

　　首相官邸："美しい星へのいざない「Invitation to Cool Earth 50」"，2007年，http://www.kantei.go.jp/jp/singi/ondanka/2007/0524inv/siryou2.pdf。

　　首相官邸：「地球温暖化対策推進大綱―2010年に向けた地球温暖化対策について―」、https://www.kantei.go.jp/jp/singi/ondanka/9806/taikou.html。

　　首相官邸：「国連気候変動首脳会合における鳩山総理大臣演説」、平成21年9月22日，https://www.kantei.go.jp/jp/hatoyama/statement/200909/ehat_0922.html。

　　外務省：「気候変動と脆弱性に関する外務省報告書フォローアップ――気候変動・地域情勢研究専門家の意見交換会」、2018年4月，https://www.mofa.go.jp/mofaj/ic/ch/page23_002466.html。外務省：「気候変動外交タスクフォースの設置」、2018年5月10日，https://www.mofa.go.jp/mofaj/press/release/press4_005988.html。

九、文件档案

联合国：《〈联合国气候变化框架公约〉京都议定书》，1998年。

联合国：《巴黎协定》，2015年。

联合国：《联合国气候变化框架公约》，1992年。

国际可持续发展研究所（IISD）：COP谈判记录。

《公约》秘书处：对日本的各项深度审查报告（FCCC/IDR）。

IAEA, *IAEA Annual Report*, 2008.

Nicholas Stern, *Ethics, Equity and the Economics of Climate Change-Paper 2: Economics and Politics*, Center for Climate Change Economics and Policy Working Paper, No. 97b. London: London School of Economics and Political Science, 2013.